天作之贺 和而不同

贺兰山东麓葡萄酒 银川产区教程

苏 龙 张 旋 主编

黄河出版传媒集团
宁夏人民出版社

图书在版编目（C I P）数据

贺兰山东麓葡萄酒银川产区教程 / 苏龙, 张旋主编. -- 银川：宁夏人民出版社，2024.7
ISBN 978-7-227-07993-4

Ⅰ. ①贺… Ⅱ. ①苏… ②张… Ⅲ. ①葡萄酒 - 教材
Ⅳ. ① TS262.6

中国国家版本馆CIP数据核字(2024)第030844号

贺兰山东麓葡萄酒银川产区教程 **苏龙 张旋 主编**

责任编辑 管世献
责任校对 陈 晶
排版设计 邢 龙 李浩然 杨逸凡
责任印制 侯 俊

黄河出版传媒集团
宁夏人民出版社 出版发行

出 版 人 薛文斌
地 址 宁夏银川市北京东路139号出版大厦(750001)
网 址 http://www.yrpubm.com
网上书店 http://www.hh-book.com
电子信箱 nxrmcbs@126.com
邮购电话 0951-5052104 5052106
经 销 全国新华书店
印刷装订 宁夏凤鸣彩印广告有限公司
印刷委托书号 (宁)0029000

开 本 889 mm×1194 mm 1/16
印 张 7.5
字 数 160千字
版 次 2024年7月第1版
印 次 2024年7月第1次印刷
书 号 ISBN 978-7-227-07993-4
定 价 45.00元

目　录

第一章
贺兰山东麓葡萄酒的历史文化

这里是宁夏。

宁夏是一个由长城围着，贺兰山护着，黄河爱着的地方。宁夏是古丝绸之路的要道，素有“塞上江南”的美誉。天下黄河富宁夏，这里因黄河而美，因黄河而富，两千多年的引黄灌溉历史，富足了宁夏平原，留下了世界灌溉工程遗产——宁夏引黄古灌区。宁夏物阜民丰，瓜果飘香，美食诱人，这里沙漠存绿洲，戈壁有良田。唐朝诗人韦蟾说：“贺兰山下果园成，塞北江南旧有名。”大诗人王维说：“大漠孤烟直，长河落日圆。”元代诗人马祖常说：“葡萄怜美酒，苜蓿趁田居。”明庆王朱栴说：“西望河源天际阔，浊流滚滚自昆仑。”……一幅生动美丽的画卷，是宁夏最为真实的写照。

宁夏的面积约有6.6万平方公里，独有的各民族文化、黄河文化、丝绸之路文化、远古遗址和化石文化、边塞文化、民俗文化等，其形态之多样，地标之丰富，让人叹为观止。宁夏，是一个你去过以后还想不断再去的地方。去了沙湖，你才能看到沙漠与绿洲融为一体的奇观；去了黄河宿集，你才能感受东方摩洛哥的所有浪漫；去了镇北堡西部影城，你才能像《大话西游》一样纵情表白“爱你一万年”；去了西夏王陵，你才能近距离地了解神秘的西夏文化；去了贺兰山岩画，你才能触摸到史前的黄河人类文明；去了宁夏，你才能见证两千多年来引黄灌区的伟大震撼；去了宁夏，你才能体会到“塞上江南”的神奇魅力；去了宁夏，你才知道中国的几何中心点在哪里；去了宁夏，你才会了解，中国也有如此高品质的葡萄酒。

宁夏很美，美在独一无二，美在自然地理，美在悠久的历史，美在多元的文化，美在贺兰山下的万顷葡萄田园，美在一杯杯贺兰山东麓的佳酿之中。

一、如果没有贺兰山

巍巍贺兰山，屹立在宁夏的西北部，高大的山体如同一道天然的屏障，将内蒙古阿拉善地区与宁夏北部平原隔离开来，成就了“塞上江南”的富饶美丽。贺兰山大体呈南北走向，东西宽度15—60公里，长200多公里，海拔多在1600—3000米，共有大小山峰几十座，其中海拔3000米以上的山峰有20座，主峰敖包圪垯位于山脉中段，海拔3556米，长城天赋酒庄的酒款“3556”，就是奔着这个最高点的意思来取名的。

贺兰山阻挡了西伯利亚寒流与腾格里沙漠东进的脚步，将西北高寒气流阻挡在贺兰山西侧，也将湿润的东南季风留在了贺兰山东麓，从而孕育出了沃野千里的宁夏平原。贺兰山是宁夏和内蒙古两个自治区的分界线，是西北外流区域与内流区域的分水岭，是划开宁夏平原与阿拉善荒漠草原的分界线，是季风气候和非季风气候的分界线，也是游牧文化和农耕文化的分界线，文明在这里冲撞、融合，山高水长，万物生长。直到今天，亿万年的贺兰山依然在成长，是一座古老而又年轻的山。

唐代王维曾写下："少年十五二十时，步行夺得胡马骑。……贺兰山下阵如云，羽檄交驰日夕闻。……"明代金幼孜写道："贺兰之山五百里，极目长空高插天。断峰迤逦烟云阔，古塞微茫紫翠连。"贺兰山将雪山、草原、戈壁、沙漠、绿洲、平原、湖泊、溪流等自然景观融于一体，不但自然风光一流，文物古迹众多，而且宁夏的百家酒庄大多数都集中在贺兰山东麓。贺兰山是宁夏的标志，与贺兰山有关的品牌不计其数，与贺兰山有关的酒庄和品牌也有很多，比如贺兰山、贺兰红、贺兰神、贺兰亭、贺兰珍宝、贺兰芳华、贺东、美贺、加贝兰、兰山图、兰山红、兰山骄子、兰山云昊、兰山玉卓、兰山伯爵等。

二、天下黄河富宁夏

黄河百害，唯富一套。

黄河，自青藏高原发端，一路曲折奔流，经青海、四川，从甘肃黑山峡流入宁夏中卫，由西向东流经青铜峡，出峡后向北流经银川平原，在内蒙古境内再次拐弯东流，经包头至托克托县河口镇，再次向南拐弯，成为山西、陕西两省的界河。这条线路构成了一个“几”字形，颇像一个高高抛起的套马索，故谓“河套”。宁夏北部平原灌区为“前套”，内蒙古灌区为“后套”。黄河在宁夏境内长达397公里的曲折身姿，每一个转弯，每一次前行，都写满传说。宁夏近90%的水资源来自黄河，耕地用的是黄河水，宁夏人吃的是黄河水，宁夏缘黄河而生，因黄河而兴，对于宁夏人来说，黄河是一种融入血脉的情感。

2000多年前，来自内地的戍边军人、移民在宁夏就开始了利用黄河水进行农耕的历史。宁夏的第一个也是目前唯一的一个世界遗产——宁夏引黄古灌区，2017年成功入选世界灌溉工程遗产名录。在宁夏引黄古渠的开发建设过程中，涌现出众多彪炳史册的人物，蒙恬、虞诩、刁雍、郭子仪、郭守敬……这个古灌区是由多个历史时期的古渠组成，比如有秦渠（秦朝）、汉延渠（汉朝）、昊王渠（西夏时期）、唐徕渠（也叫御史渠，唐朝）、红花渠（明朝）、大清渠（清朝）等。宁夏的2000年引黄灌溉的古渠史，也是宁夏平原的开拓史，更是一部活生生的中国水利史，宁夏也因此被称为天然古渠博物馆，历代开凿的14条古渠惠泽至今。如今，宁夏引黄古灌区范围达8600平方公里，干渠25条，总灌溉面积828万亩。这些渠系总长度1000多公里，发达的水系纵横宁夏平原，滋润了农业生产，也滋生出大小不一的湖泊。因此，银川自古就是湖城，七十二连湖形成巨大的湿地，也形成了名不虚传的“塞上江南”。黄河不但给宁夏带来了充足的水源，而且带来大量泥沙冲积成大片肥沃的土地，所以宁夏平原自古就是重要的粮仓基地，如今这里更是成了享誉世界的葡萄酒产区。

宁夏平原被称为“塞上江南”，很多人会认为这种称谓是一种美化，其实不然，这个说法源自“塞北江南”，已经有1400多年的历史了。南北朝晚期，北周与南陈展开决战，北周大败南陈名将吴明彻，陈军被俘3万多人，北周把俘虏的陈军迁到灵州，让俘虏在这里种田开荒。陈军多是江南人，以米为主食，随军带有大米，会种水稻的人不在少数。这些人无法南归，只能安顿下来，逐渐把灵州一带发展为鱼米之乡。这些江南人的饮食、语言、行为乃至文化逐渐融入当地，在塞北呈现一番江南景象。吕梁之战的3年后，杨坚称帝，统一中国，建立隋朝，故“塞北江南”这个说法在隋朝就开始了（记载在《隋州郡图经》一书，隋朝郎茂所撰）。如今，宁夏北部引黄灌区经过2000多年的发展，“塞北江南”不仅仅是现代人的一种美誉，而且是历史悠久，名副其实，因此能被口口相传为“塞上江南”。

贺兰山东麓，百家酒庄拔地而起，数十万亩葡萄园在黄河水的浇灌下，为“塞上江南”增添了新的色彩，这片土地在母亲河的滋养下，一如既往地呈现着勃勃生机，宁夏葡萄酒，奋力书写着中国葡萄酒的未来。

三、边塞军旅留芳华

宁夏的很多地名都与军事有关，凡是以“营、关、寨、堡”这几个字命名的几乎都是过去屯兵打仗的地方。而在葡萄酒行业最为知名的一个地方是玉泉营农场，这里沿用了古兵营玉泉营的名字，被认为是宁夏现代葡萄酒的起源地。宁夏的第一个酿酒葡萄基地、第一个葡萄酒厂、第一瓶干红、第一批获得国际奖项的宁夏葡萄酒，都诞生在玉泉营农场。宁夏农垦在玉泉营农场大面积试种葡萄成功后，开启了宁夏葡萄酒的现代篇章，今天的玉泉营也集中了多个优秀的酒庄，是最能代表宁夏葡萄酒产业发展历程的产区。

青铜峡，位于宁夏中部，是黄河上游段的最后一个峡口，因背靠贺兰山，前有黄河天堑，故青铜峡自秦汉时期就成为西北边防的战略要地。青铜峡水利枢纽开启了宁夏有坝引水的篇章，把宁夏北部平原的灌区面积扩大了好几倍。青铜峡境内有鸽子山史前文明的历史遗迹，更有明代留下的古长城、烽火台。明政府曾在此设置了四大兵营，从南向北分别是广武营、大坝营、干（甘）城子营、玉泉营。这四个古兵营的名字不但仍然沿用在今天当地的地名中，而且这一带也是发展迅速的重要酿酒葡萄产地，尤其以甘城子最为著名。甘城子古兵营，历经数百年仍有遗存，以古兵营命名的品牌“甘成古堡”，既取甘露天成之意，也与“甘城子”同音，古堡，指甘城子古城。“甘成古堡”的老藤葡萄园与古城遗址相距仅仅几十米，酒标设计灵感汲取自贺兰山岩画和兵营遗址，饱含历史韵味。旧时风景，酿味甘成，“甘成古堡”续写着这座传奇要塞的史诗，也见证着贺兰山东麓葡萄酒产业的蓬勃发展。黄河水由青铜峡进入宁夏便水势趋缓，自秦、汉、唐三朝始，古人从青铜峡开渠口，引黄河水自流灌溉。而最早开发青铜峡的人，则是传说中的治水英雄大禹，这里的禹皇酒庄就是得名于大禹治水的故事。青铜峡邵岗镇，留有明代的柳木皋烽火台，境内还有两座高山，南为“大柳木高”，北为“小柳木高”，这也是华昊酒庄“柳木高”的品牌灵感来源。青铜峡的葡萄酒品质出色，宁夏酿酒人以葡萄美酒继续书写着这片土地的传奇。

在银川市的海宝公园，有一组人物雕像，其中有一个是朱元璋的第十六个儿子——朱栴，他被封为庆王，就藩塞外，在宁夏生活了整整45年，是个地道的宁夏通。朱栴既有才华，又有学问，长于诗文，精于书法，他把在宁夏的所见所闻，撰写后编入《宣德宁夏志》。该书内容生动、广泛、翔实，开创了宁夏地方志的先河。朱栴在同心县的韦州生活了9年，对罗山情有独钟，罗山酒庄就是以这座山命名的。朱栴后来又到银川生活了36年，是他最早以诗文记载了“宁夏八景”：贺兰晴雪、汉渠春涨 、月湖西照、黄沙古渡、灵武秋风、黑水故城、官桥柳色、梵刹钟声。其中的“贺兰晴雪”广为人知，而宁夏著名的贺兰晴雪酒庄便是以此命名的。遥想那时的六月，晴空万里，白雪覆盖在古铜色的贺兰山顶，雄浑壮美，“贺兰晴雪”因此得名。贺兰晴雪酒庄旗下产品首推“加贝兰”，其商标字体取自王羲之的《兰亭序》，加贝兰的“加贝”二字由“贺”字拆分而来，取的也是“贺兰”之意。

滔滔黄河作屏障，巍巍长城戍边塞，四大兵营踞要津，九大古渠扼平原。黄河、长城、兵营、古渠，还有葡萄酒，书写着宁夏悠久的边塞历史和未来，彰显着宁夏独一无二的魅力。

四、丝绸之路在宁夏

丝绸之路，是东西方文明交流的桥梁和纽带，把黄河文化、古希腊文化和波斯文化连接起来，成为最早的国际贸易的通道，也是古代中国与亚欧大陆政治、经济、文化交流的国际大通道。宁夏地处陕西、甘肃、内蒙古交界处，这种独特的地理位置，使宁夏成为丝绸之路重要的组成部分之一。

丝绸之路大体分为东段、中段、西段三段。丝路东段又分南北两道：南道，从西安出发经甘肃至凉州；北道，则从西安出发经宁夏到凉州。而北道的走向又在不同历史阶段时有变化，其中最主要的有三条，分别是萧关道、灵州道、六盘山道。这三条主线都有若干条辅线，覆盖了宁夏的大部分地区。萧关道使用了长达870年，历经汉代、北魏、唐代。这三个朝代是丝绸之路的繁荣昌盛时期，也是丝路文化交流沉淀最为丰厚的时代，大部分的物种也是经由萧关道从西域进入中原，其中也包括了葡萄。

丝绸之路是一条互通有无的通道，东方的丝绸、茶叶等由此传播到西方，西方的鎏金银瓶、玻璃碗、金银币等奢侈品朝东方滚滚而来，随着驼队而来的还有西域的佛教、物种，许多珍贵植物品种不断地输入我国内地，如苜蓿、石榴、胡麻、红兰花、胡桃、胡瓜、胡荽、胡蒜、胡葱、橄榄等。葡萄，在丝绸之路沿线留下，生根发芽，枝繁叶茂，留下的很多诗句记载着物种传播的真实情况。

葡萄，是希腊语的音译，原产于地中海东海岸和小亚细亚、中亚细亚地区，也是大宛国的特产。西汉时期伊吾、车师、且末、龟兹、焉耆、于阗、康居、大月氏等地都盛产葡萄。西域引进的物种，当最先到达今天的甘肃。比如唐代诗人王翰的《凉州词》："葡萄美酒夜光杯，欲饮琵琶马上催。醉卧沙场君莫笑，古来征战几人回？"凉州，便是今天的甘肃武威。

宁夏种植葡萄亦有悠久的历史，比如西夏时期种植的葡萄，品质尤佳，“兼赍葡萄遗州郡”，意思是西夏使者在出使宋朝时用葡萄作为赠送路过州郡官员的礼品。元朝建立后，粮食产量不足以大量酿酒，故加大了果酒的需求，促进了葡萄种植业与葡萄酒生产业的发展。元朝诗人马祖常在《灵州》一诗中写道：“葡萄怜美酒，苜蓿趁田居。”真实地描述出当时灵州葡萄和葡萄酒的繁荣。

1985年，宁夏盐池县苏步井唐墓发现了六座粟特人家族墓葬，其中第6号墓的入口处有一对石刻墓门，上面刻有跳胡旋舞的男性浮雕。两个起舞者各踩一个小圆毯（舞筵），手持丝绸长带旋转对舞，画面自然飘逸，飞舞的绸带仿佛就是白居易笔下“回雪飘飖转蓬舞”的再现。唐人用伸展自如的葡萄藤来比喻飘逸的衣带，并把葡萄藤蔓体现在衣带上，称其为“葡萄带”。“胡腾身是凉州儿，肌肤如玉鼻如锥。桐布轻衫前后卷，葡萄长带一边垂。”这是李端在《胡腾儿》中所描写的胡腾舞，意思是说唐代从中亚来的胡人少年在跳舞时用如同葡萄藤蔓的衣带，起舞时葡萄长带随舞姿飘然而起。胡旋舞从遥远的中亚来到宁夏，这是丝绸之路文化的结晶，这件唐代胡旋舞石刻墓门是宁夏博物馆的三件国宝级文物之一，充分反映了丝绸之路在宁夏的深远影响。

宁夏最具代表性的文化遗产，自然少不了岩画。岩画记录了远古人类在三千至一万年前的生活场景。贺兰山在古代是匈奴、鲜卑、突厥、回鹘、吐蕃、党项等北方少数民族驻牧游猎、繁衍生息的地方，宁夏岩画分布在黄河两岸的山谷、峡口、丘陵之中，绵延数百公里，题材广泛，内涵深厚，时间跨度近万年，大体始于旧石器时代晚期，终于西夏时期，展现着古人的生活习俗、审美和信仰。观远古岩画，品雄浑贺兰，在贺兰山脚下可以近距离触摸到这些史前文明，“岁月失语，唯石能言”，古人留下来的文明密码，是今天的宝贵财富。宁夏的酿酒人，用自己的方式续写着这些石头上的史诗。葡萄美酒与“艺术化石”融合。比如类人首酒庄的标识取自著名的太阳神岩画。太阳是人类自然崇拜尤其是天体崇拜的图腾。该岩画为一幅人面像，环眼阔鼻，双目圆睁，头部与眼部均有放射状光束，塑造了一个形神兼备的神灵形象，体现了太阳神的神圣与威严。圆润酒庄的标识灵感来自一幅著名的人物岩画。这幅岩画刻有西夏文字，解读出来的意思是“能、昌、盛、正、法”，精辟地概括了西夏时期的观念及文化内涵。抱璞葡萄酒以岩画动物形象作为酒标主体元素，构图朴实，体现了抱璞守拙的品牌理念，怀璞玉般淳朴的本性，不为外物所诱惑，抱本有之初心，酿天地之灵气。

五、远古文明在呼唤

宁夏有4个5A级旅游景区，其中之一是位于灵武的水洞沟遗址，这里出土了大量的旧石器时代石制品。这证明早在三四万年前，宁夏境内就有人类活动，打破了国外学者认为中国没有旧石器时代文化遗迹的论断。青铜峡有距今1万年左右的鸽子山文化遗址，这是旧石器时代向新石器时代过渡的古人类文化遗址。遗址附近有一湖泊名曰“西鸽湖”，西鸽酒庄便坐落在旁边。

文化自信源于自己，贺兰山东麓葡萄酒文化，大有文章可写，中国葡萄酒文化，大有潜力可为。

六、移民建设新天地

一部宁夏史，半篇书移民。

宁夏自古以来就是一个交会融合之地，宁夏的历史是一部群体迁徙史，在各个移民浪潮中有军事移民、农垦移民、文化移民、生态移民。移民们带来了农耕技术、语言习俗，他们开辟耕地，兴办教育，复兴农商，使宁夏人口迅速增加，促进了宁夏社会经济的发展。移民是文化最活跃的载体，宁夏的移民来源广泛，历史悠久，形成了独具特色的移民文化。

大秦帝国统一中原后，就开始向宁夏地区移民，30万秦军在大将蒙恬的带领下移民宁夏戍边屯田，由于内地移民带来了优良的作物种子和先进的农耕技术，也随着筑防长城从固原向北延伸，农耕文明也不断向北推进，秦人第一次对黄河东岸（今银川平原河东灌区）的亘古荒原进行开发垦殖。已经掌握修渠引水、自流灌溉的秦人开始兴修水利，开凿了宁夏平原上的第一条引黄灌渠——秦渠，使得宁夏北部银川灌区与整个河套地区由游牧地区变为农耕地区。贺兰山下从此渠道纵横、阡陌相连、村落相望，荒漠变为沃野，地方日渐富饶，繁荣程度堪与秦关中地区相媲美，

这个新家园被誉为“新秦中”。

如今，和誉新秦中酒庄以这段历史命名，续写着新秦中的传奇。贺兰山东麓，数十万亩的酿酒葡萄，书写着新秦中的紫色未来。

自20世纪80年代开始，宁夏历时30多年，先后组织了吊庄移民、扶贫扬黄工程移民、“十二五”生态移民工程，宁夏总人口数不足700万却累计搬迁移民130万人，实现了生态改善和脱贫富民的双赢。1997年，福建、宁夏对口扶贫协作，共同在永宁县西侧、贺兰山东麓的戈壁荒滩建设玉泉营西吉移民吊庄，这就是“闽宁村”，在福建对口帮扶的支持下，从西吉迁徙到此的农民学习种蘑菇、枸杞、葡萄，提升技能，到葡萄酒庄工作，是当地葡萄酒产业发展的核心力量。如今的“闽宁村”已升格为闽宁镇，从当年只有8 000多人的贫困移民村发展成为拥有6万多人口的“江南小镇”，当年的干沙滩已经变成金沙滩，电视剧《山海情》反映的就是闽宁对口扶贫的艰苦历程，这也是东西部对口扶贫协作的典范。

吴忠市红寺堡区，是宁夏最大的生态移民集中安置区，自1999年开始建设，历经20多年的发展，实现23万人脱贫致富。如今的红寺堡大力发展葡萄酒产业，葡萄种植面积超过10万亩，是贺兰山东麓著名的葡萄酒子产区。

沉寂千年的不毛之地变成了风光旖旎的生态绿洲，移民们的奋勇开拓着实令人震撼。

七、紫色梦想创未来

贺兰山东麓，从1984年建起第一家酒庄开始，如今已成为中国最大的酿酒葡萄集中连片产区，有在建和建成的酒庄211家（已建成92家），风格不一，各有特色，首府银川市周边就坐落着数十家酒庄，驾车一小时之内即可到达。宁夏年产葡萄酒1.3亿瓶，产区有酿酒葡萄49.2万亩，分布在银川、青铜峡、红寺堡等6个子产区，其中二三十年的老藤不在少数。2003年，贺兰山东麓葡萄酒获得原产地地理标志认证，已出口20多个国家和地区，在国际葡萄酒赛事上获得大奖1000多项。贺兰山脚下，黄河之畔，从荒漠到绿洲，宁夏酿酒人用勤劳、坚韧、智慧书写着贺兰山东麓的绿色未来，一步步实现着宁夏人的紫色梦想。

宁夏的地域文化绚丽多姿，有贺兰山文化、黄河文化、边塞文化、丝路文化、移民文化等，其中也自然少不了葡萄酒文化。中国葡萄酒的文化来自宁夏，我们应有足够的自信去讲述自己的故事，书写自己的文化。这里是中国的宁夏、世界的贺兰山东麓，我们不需要成为别人，我们要做的是我们自己，如果每当说起葡萄酒总是要提及别的产区，消费者会永远觉得你不如人家，所以不要去抱大腿帮别人做宣传，坚持做自己就够了。

当有一天中国葡萄酒被全世界的消费者广泛认可时，那也一定是因为我们坚持做自己。

志合者，不以山海为远，宁夏贺兰山东麓葡萄酒，大有潜力！中国葡萄酒，做自己！

第二章
贺兰山东麓葡萄酒银川产区风土

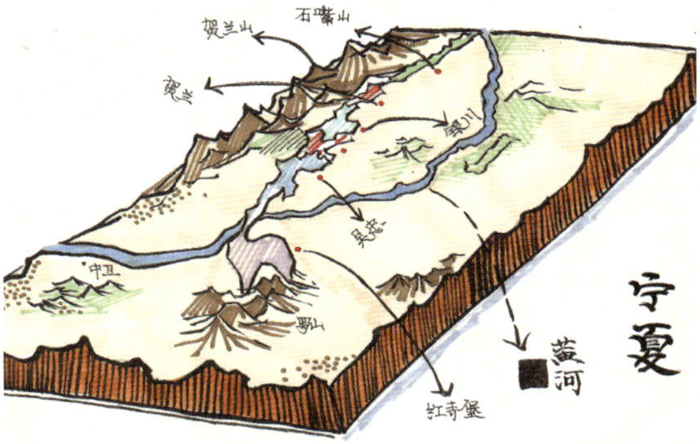

一山一河一长廊。

山与河，是人类在地球上生存的两大依仗！山脉是一种忠诚，是一种赐予；河流是一场路过，是一种养育！

中国有座贺兰山。

贺兰山已经有30亿年的高龄了，最初他静静地躺在一片汪洋的底部，承接着海水的滋养。后来，一场地壳运动打破了这片汪洋的宁静，这块地域被抬升了3000多米，贺兰山“诞生”。一条以黛褐色为主色的贺兰山，在干黄的腾格里沙漠、乌兰布和沙漠与夏日碧绿、秋日金黄的宁夏平原之间，优雅地划出了一条弧线，山脚下葡萄园纵横，葡萄酒飘香。贺兰山是西伯利亚冷空气南下路径的末端屏障和太平洋暖湿气流西进的地理极限，如果没有贺兰山，葡萄会失去一个天然的依靠，酿酒人无法在贺兰山下种葡萄酿酒。

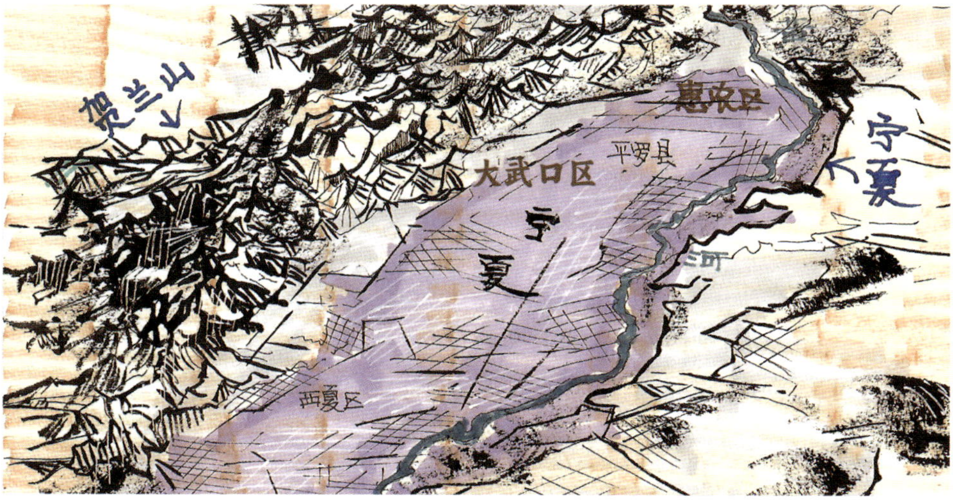

黄河水染绿的砾石地。

自2000多年前的第一道犁铧伸进土地后，来自内地的戍边军人、移民将水利开发的智慧种子引到这里，使人工利用黄河水的历史开始在贺兰山东麓书写，逐渐形成了一方塞上新天府。一条条古渠，构成了一幅千年未曾停息的流水画卷，它们年复一年地将黄河水送往贺兰山东麓的砾石地，以缓缓流淌的姿态浇灌着越来越多的葡萄园。

贺兰山赐予，黄河养育了荡漾着酒意的“贺兰山东麓葡萄酒产区”。

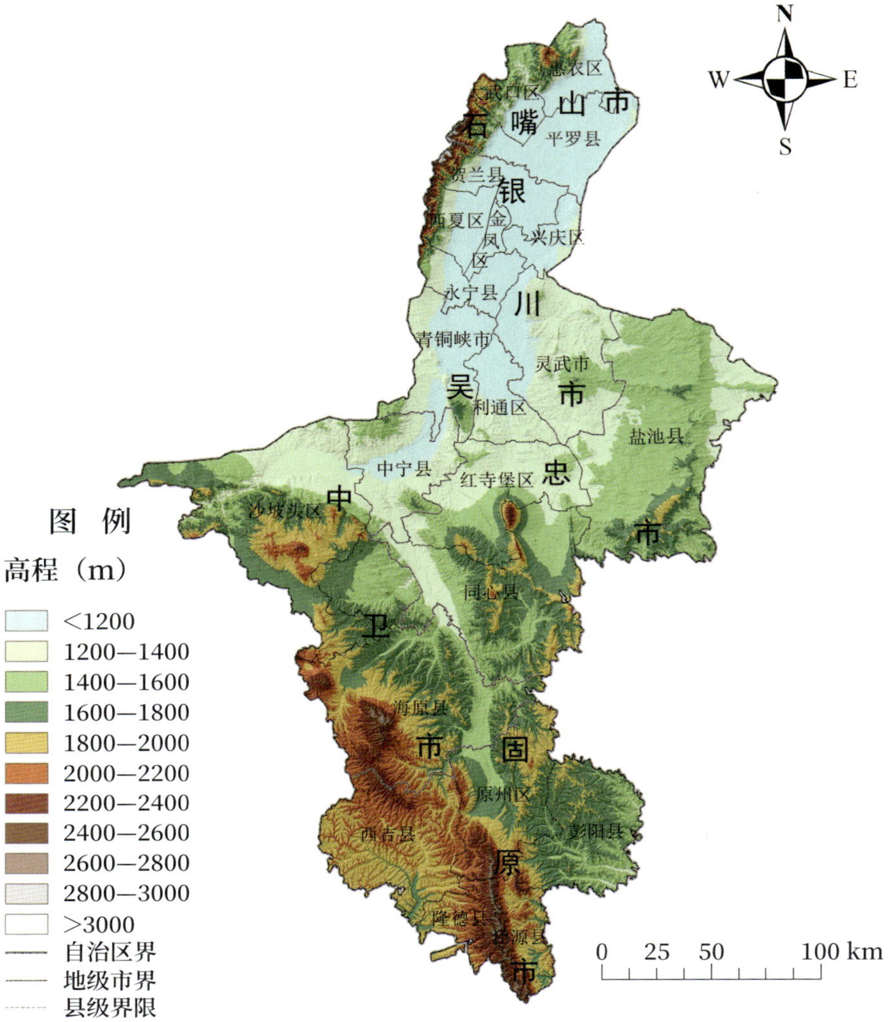

图2-1　贺兰山东麓数字高程模型

一、贺兰山东麓的自然地理

（一）纬度和海拔

宁夏贺兰山东麓地区地处西北干旱区、东部季风区和西南青藏高寒区交会地带，位于北纬37°43′—39°23′，东经105°45′—106°47′，为贺兰山东麓冲积扇与黄河冲积平原之间的宽阔地带。南北长200公里，东西宽5—30公里。

贺兰山东麓原产地保护区从北向南海拔1089—1500米，呈明显的地带性分布，贺兰山东麓银川产区大部分位于1100—1200米的山前洪积平原上。

（二）坡向和坡度

在整体地形条件相似的情况下，不同坡向的小气候有明显差异。通常以南向（包括正南向、西南向和东南向）的坡地受光热较多，平日气温较高。坡地的增温效应与其坡度密切相关。一般坡地向南每倾斜1°，相当于推进1纬度（112公里）。受热最多的坡地角度为20°—30°（在北纬40°—50°范围）。贺兰山东麓山前分布着大量的坡地，坡度在10°—20°的缓坡（黄色），坡降约为1/4 000。

贺兰山东麓山前葡萄园坡向以东坡和南坡为主，此外，还有一些东北坡和西坡（见图2），其中东南坡、南坡的温度效应明显，可有效增加葡萄生长过程中的积温和光照。

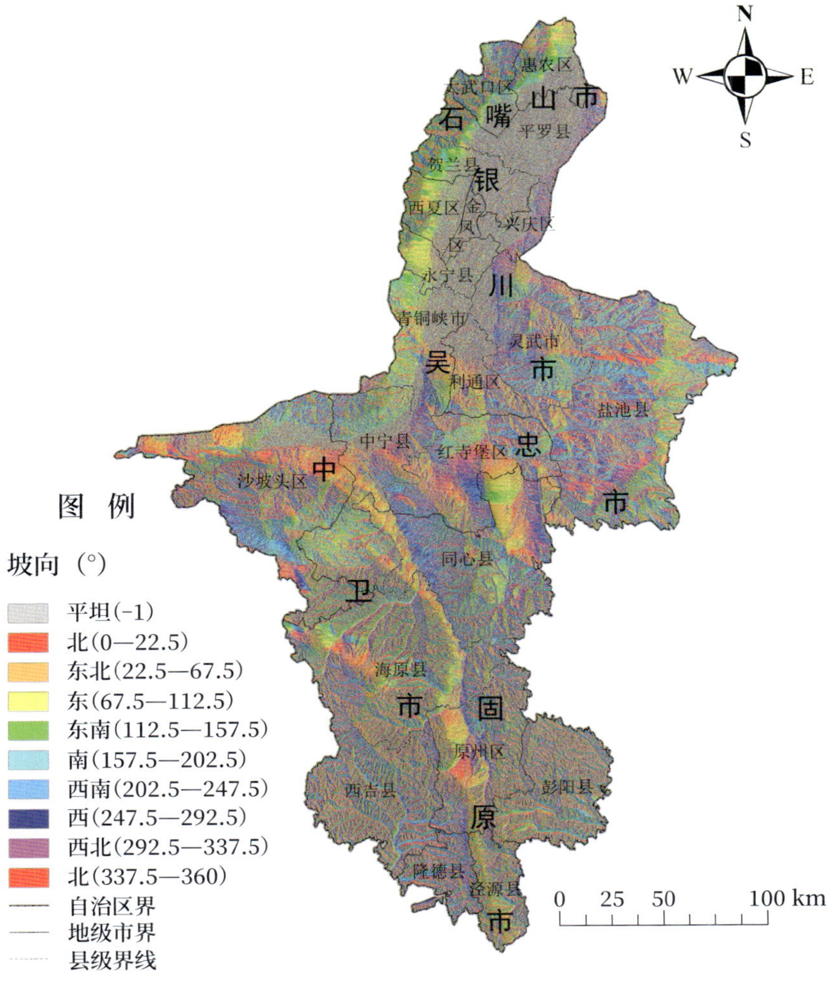

图2-2　贺兰山东麓产区坡向

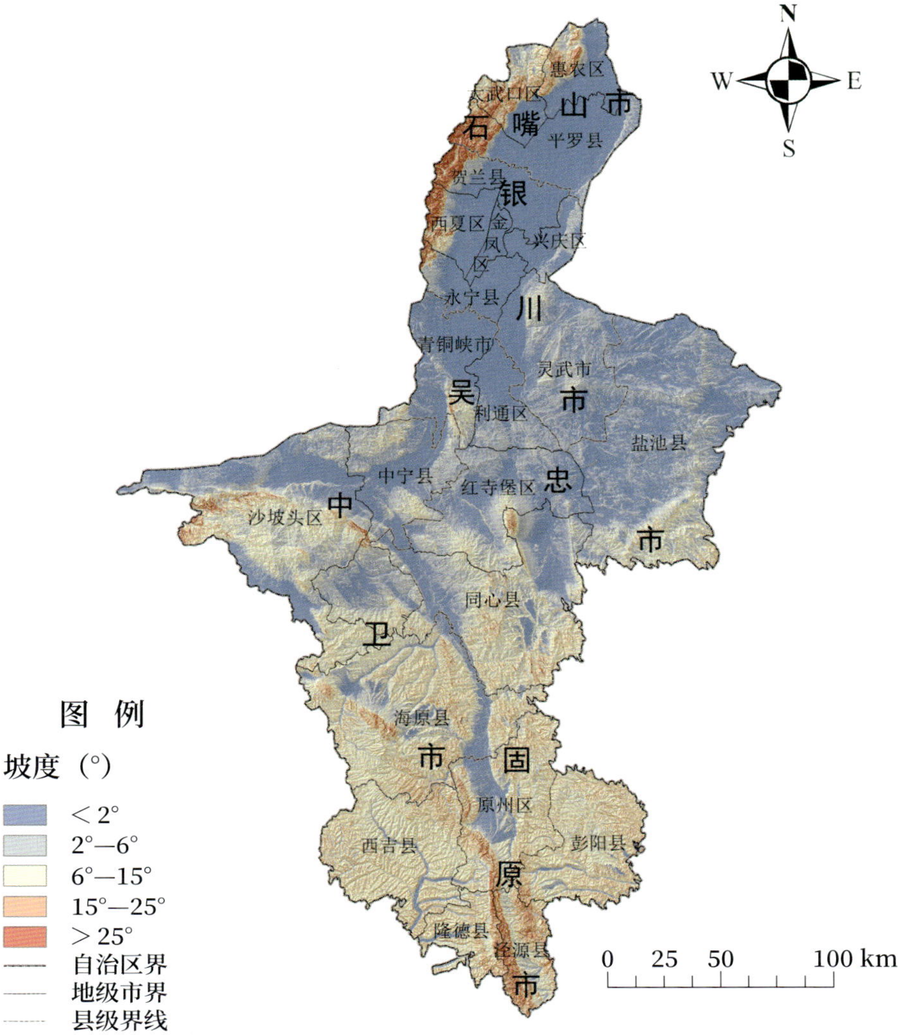

图2-3 贺兰山东麓产区坡度

（三）地形地貌

宁夏贺兰山东麓地区地貌类型多样，山地、丘陵、台地、平原、沙漠散布。自西向东分为贺兰山地、洪积扇前倾斜平原、洪积冲积平原、冲积湖沼平原、河谷平原、河漫滩地等。

二、贺兰山东麓的土壤

葡萄对土壤的适应性很强，一般在pH值为6—8的范围内都能正常生长，在土

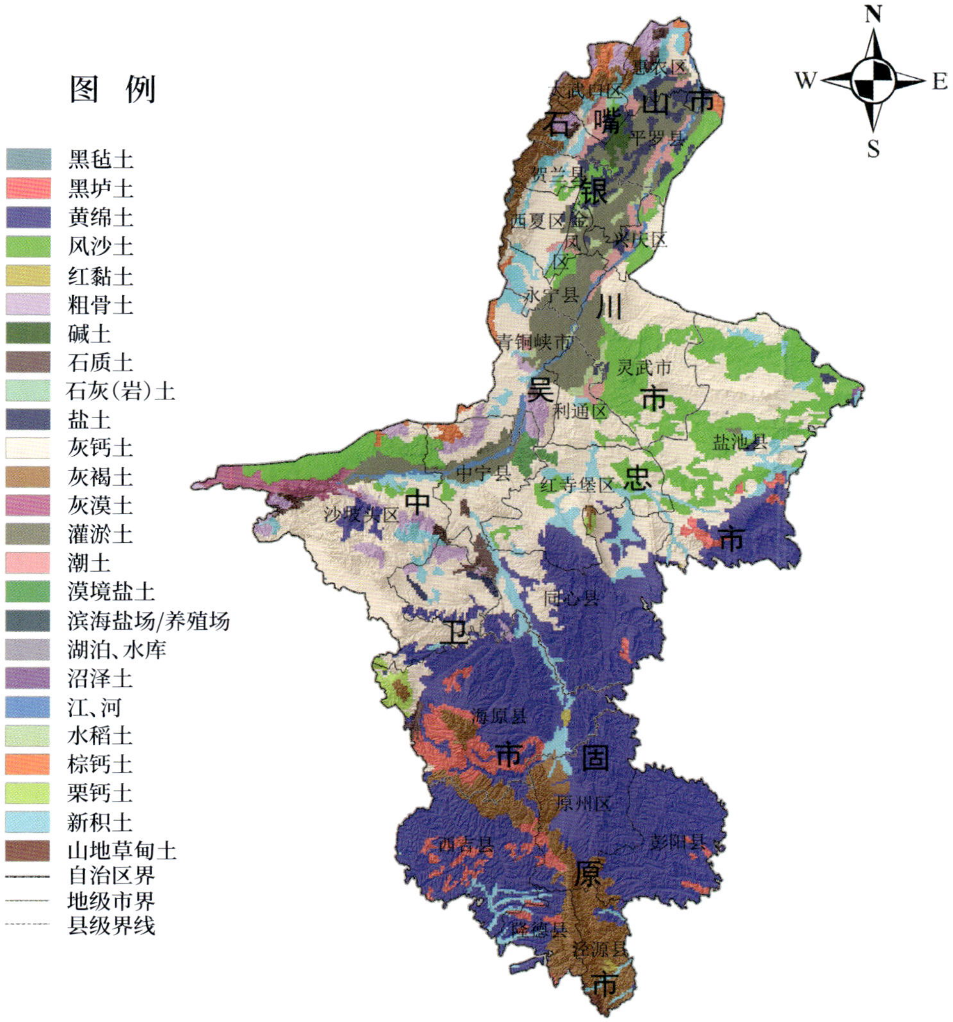

图2-4　宁夏土壤类型

壤蒸发量远大于降水量的干旱、半干旱地区，只要土壤盐分含量不超过2克/千克，葡萄仍可正常生长结实。

土壤的质地结构影响土壤的蓄水保水能力、养分供应、气体含量、导热等，从而影响到葡萄的生长结实和品质。常见的葡萄栽培土壤有砂砾土、沙土、壤土、黏土等。

贺兰山东麓土壤呈现风沙土—灰钙土—灰漠土的变化。土壤类型以灰钙土、淡灰钙土、风沙土和灌淤土为主，粗骨土也有少量分布。随着海拔的降低和距离山体越来越远，土壤中的砾石含量逐渐减少。

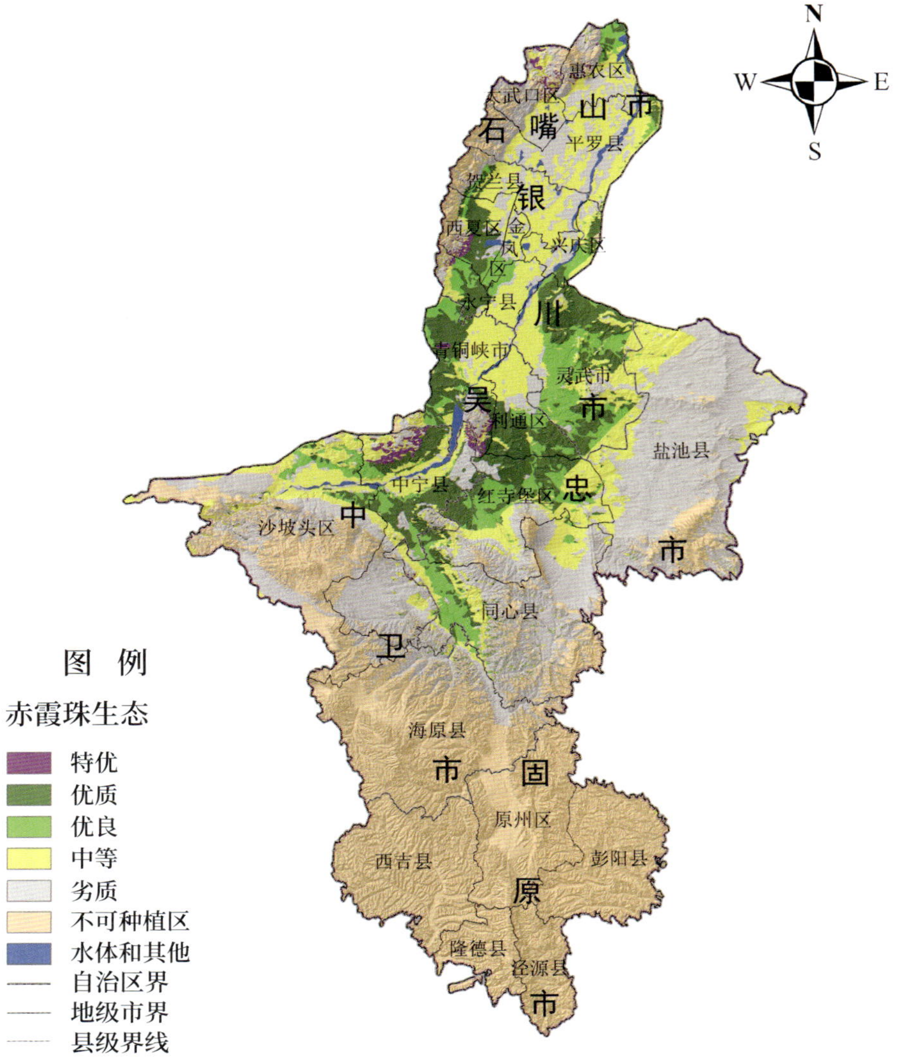

图2-5 宁夏赤霞珠生态区区划

三、贺兰山东麓气候

影响葡萄品质和葡萄酒质量的因素是综合性的，气候是葡萄品种区域化的主要影响条件之一，多数情况下，气候往往对葡萄生长、结果和葡萄酒质量的优劣起主导作用，其已成为诸多因素中最重要、最活跃的因素。而光照、热量、降水等天气条件则都是葡萄生长和结果所必需的，特别是夏、秋季的天气状况。贺兰山东麓气候呈明显的纬向变化，气温和蒸发量随纬度增加而递增，降水量随纬度增加递减，气候区呈现干旱区—半干旱区的变化，植被呈现干草原—荒漠草原—荒漠的过渡性变化。

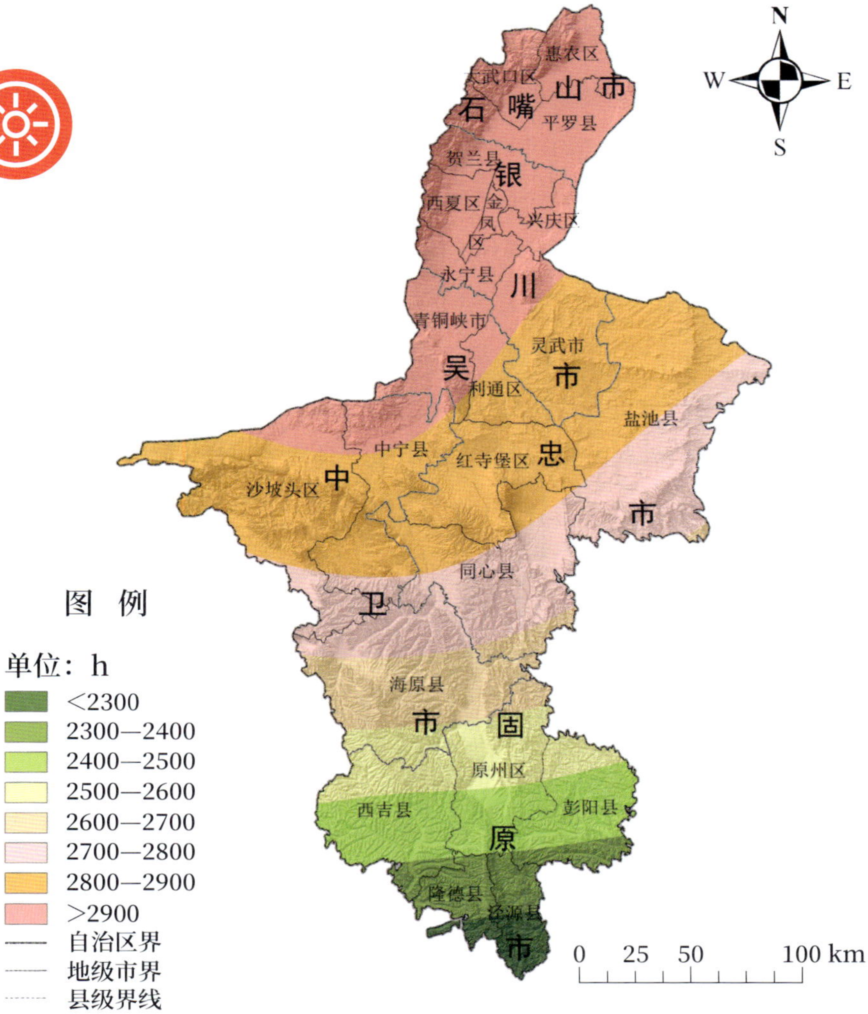

图2-6 宁夏年日照时数

（一）光照

太阳光是葡萄进行光合作用唯一的能源，是葡萄进行能量和物质循环的动力，葡萄产量和品质的90%—95%来源于光合作用。葡萄是喜光作物，几千年来人们为它搭架和整形修剪，最重要的目的便是使其获得更充足和合理的光照，为葡萄创造更加适宜的叶幕微气候，使每片葡萄叶片的光合效率达到优质和高产的目的。

贺兰山东麓产区年日照时数2799—3044小时，平均为2938小时。足够好的光照条件是葡萄转化光能为化学能，合成一切风味物质的物质基础。

（二）温度

温度（热量）是影响葡萄生长和结果最重要的气象因素。葡萄属暖温带植物，需要相当多的热量。贺兰山东麓年平均气温9.3—10.1℃，平均为9.6℃（见图7）；最热月温度22—24℃，高温日数少，7—9月暖热但不过热，有利于抑制新梢生长，促进葡萄光合产物的合成以及光合产物向果穗的输送。≥10℃积温为3357.6—3689.8℃·d，平均为3481.4℃·d；贺兰山东麓有效积温在1394.5—1700.5℃·d，≥10℃积温中北大部分地区在2800℃·d以上，热量条件能够满足早熟、中熟酿酒葡萄的生长，贺兰山东麓产区积温大部分在3250℃·d以上，能够满足大部分品种酿酒葡萄的生长。贺兰山东麓无霜期156—178天，无霜期长，可以满足早熟、中熟和晚熟品种遗传特性对生长发育周期的基本要求。

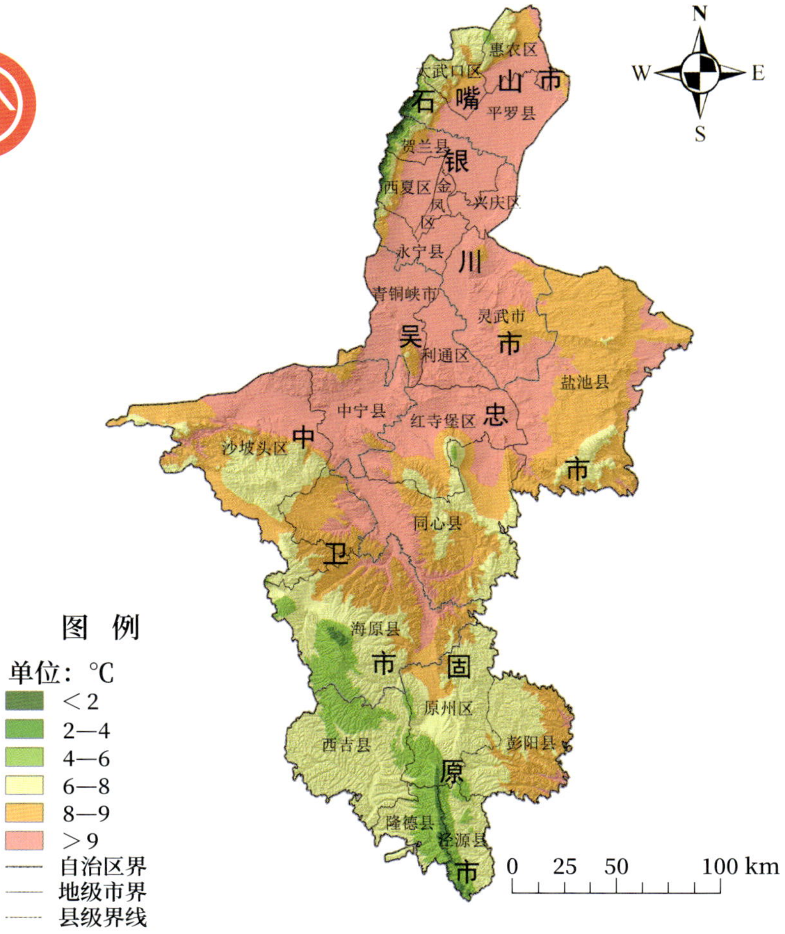

图2-7　宁夏年平均气温

（三）降水量

在诸多因素中，自然降水的多寡和降水量的季节分配，也强烈地影响着葡萄的生长和发育，继而影响到葡萄的产量和品质。葡萄栽培最佳地区，果实成熟月份降水量应小于100毫米。

贺兰山东麓年降水量167—260毫米，平均为187毫米（见图8），需要灌溉才能满足酿酒葡萄生长，但是便利的灌溉条件给酿酒葡萄种植带来了可能，加之产区干燥度在3.0以上，非常有利于酿酒葡萄生长。

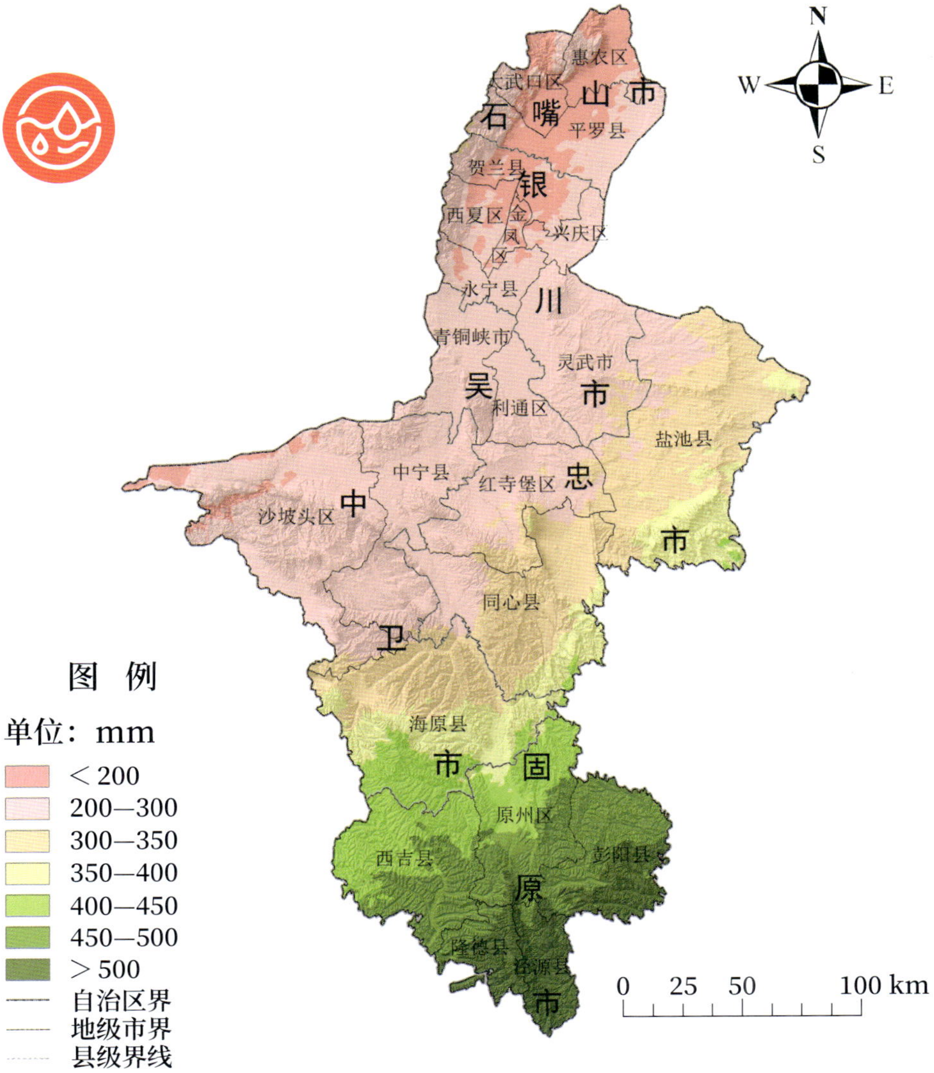

图2-8 宁夏年平均降水量

（四）温差与采收期降水

7—9月昼夜温差适中，7—9月昼夜温差在11—13℃之间，平均昼夜温差为12.5—13.4℃。夜间低温降低酿酒葡萄呼吸代谢消耗，有利于风味物质的缓慢积累，促进缩合单宁的形成，促进香味物质的积累和典型香气的合成，形成优良的葡萄成分结构。采收期温度下降缓慢，降水稀少。如此干燥的环境更利于酿酒葡萄品质形成，而过多的降水容易引发病虫害，影响产量并对品质造成影响。贺兰山东麓产区成熟期9月降水量小于100毫米是优良品质形成的阈值，产区多年平均降水量均在30毫米以内，非常有利于葡萄优良品质的形成。

小贴士

葡萄酒的“酒泥”是什么？

所谓“酒泥”是葡萄酒酒精发酵结束后，酒液里面的已经死亡的酵母细胞。对于干白葡萄酒酿造来说，带酒泥陈酿会赋予葡萄酒更多的风味（干草、饼干、杏仁）和酒体。

小贴士

葡萄酒瓶底部凹槽越深瓶内酒的质量越好？

葡萄酒底部凹槽大小、深浅与酒瓶供应商的制造工艺和瓶型选择有关，与葡萄酒质量没有直接关系，一些质量上乘的白葡萄酒（如德国雷司令），瓶底反而没有明显凹槽。

第三章
子产区

银川市是宁夏回族自治区首府，这座城市海拔在1010—1200米之间。从地形来看，它西高东低，从贺兰山延伸的山地倾斜向银川平原。从地貌来看，它拥有贺兰山山地、洪积扇平原、黄河冲积平原、冲积湖沼平原、河谷平原、湿地等。气候是典型大陆性季风气候，一年四季气候分明，春迟、夏短、秋早、冬长，全年日照充足，是中国太阳辐射和日照时数最丰富的地区之一。

小贴士

葡萄酒的酒脚或者挂杯能说明葡萄酒的质量吗？

葡萄酒的酒脚或者挂杯是物理现象，学名是马拉高尼效应（Marangoni Effect），品尝时的温湿度都会影响这种物理现象，跟葡萄酒的质量和品质没有直接关系。

小贴士

葡萄酒该怎么存放呢？

葡萄酒最理想的储藏地方就是恒温恒湿的葡萄酒酒柜或酒窖。如果没有这样的条件，建议在家中选择一个稳定凉爽、避光、不干燥的地方平放葡萄酒。

贺兰山东麓葡萄酒银川产区地图
YINCHUAN WINERY MAP

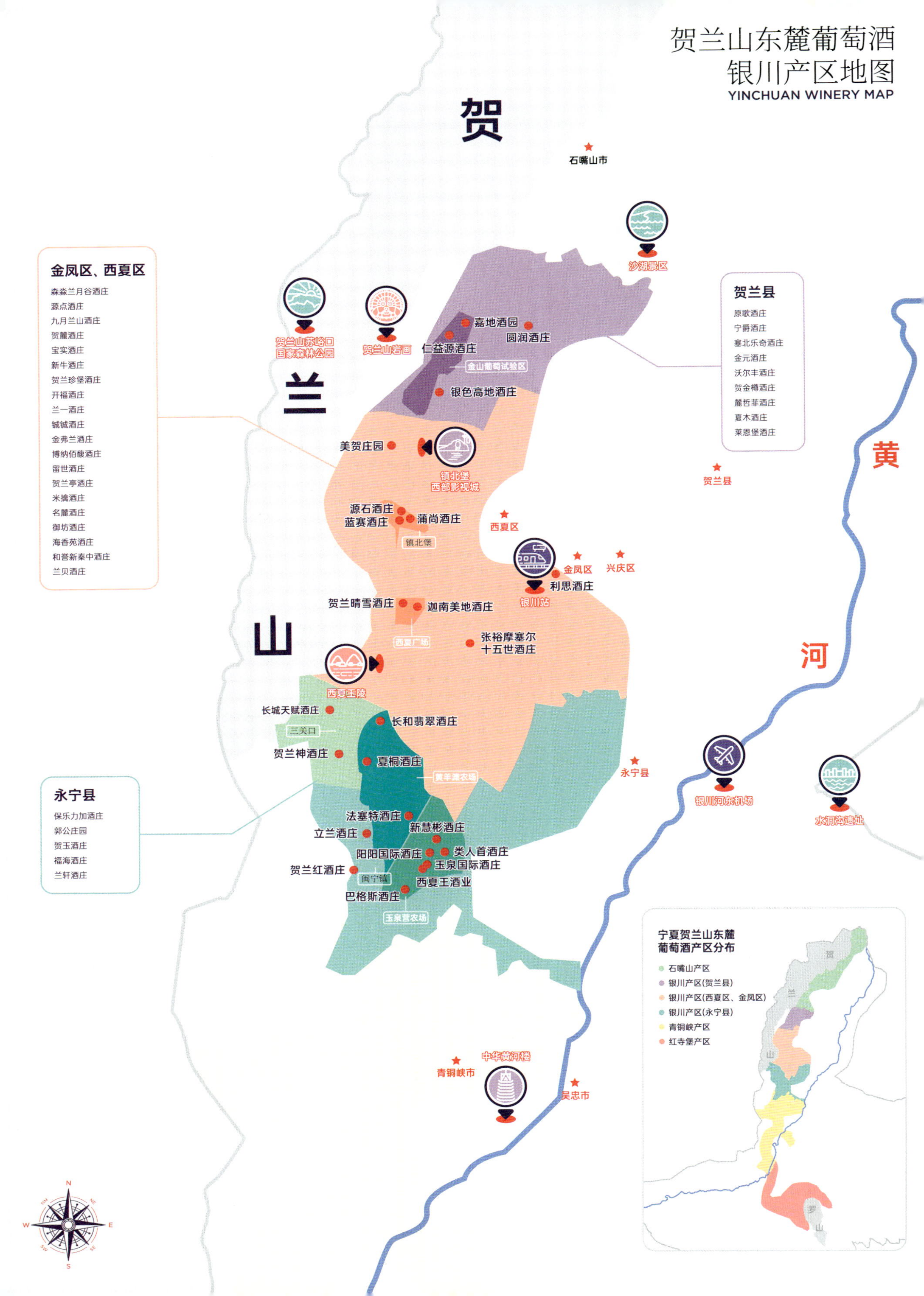

一、金山

（一）产区介绍

金山国际葡萄试验区位于宁夏贺兰县洪广镇金山村以西，地处贺兰山脚下，这里海拔1210米，是整个银川产区海拔最高的子产区。总面积26000亩，于2013年2月开始着手动工建设。园区成立后由宁夏金葡萄农林科技有限公司对试验园区进行公共基础设施建设及对园区内各企业酒庄进行规范化管理，维护试验园区公共秩序。

金山产区于2013年和2014年分两批从法国引进优质酿酒葡萄嫁接苗木、脱毒种条及抗性砧木数百万株。目前共吸引了国内外40多家实力雄厚的企业到试验区内投资种植建设10000亩左右，其中15家酒庄企业取得建设批复，8家已经投资建设。园区已配套建成中心化验室、游客接待中心、公共卫生间、停车场等设施。

这里地势基本特点为西南高东北低，自西南向东北倾斜，整个地域主要由西部山地和东部平原组成。这里是最为靠近贺兰山的区域。

这里是观看贺兰山卧佛的最佳地点。

（二）主栽品种

主栽品种为赤霞珠、美乐、霞多丽、品丽珠、马瑟兰、黑比诺、马尔贝克、小味尔多。这里酒庄整体面积较小，最大1800亩，最小仅有135亩，酒庄平均面积427亩。

葡萄平均亩产：300千克/亩。

（三）风土特色

整体海拔高，土壤保水性差，以灰钙土为主，土壤中含有大量大块砾石。

（四）葡萄酒特点

色深，浓郁，强劲，酒精度高，有很好的陈年潜力。

（五）重点酒庄

重点酒庄有嘉地酒园、贺金樽酒庄、莱恩堡酒庄、沃尔丰酒庄、夏木酒庄、银色高地酒庄等。

二、镇北堡

（一）产区介绍

镇北堡镇，隶属于宁夏银川市西夏区，地处贺兰山东麓，银川市区西北郊。明弘治年间，镇北堡始建，是明清时期的边防要塞。镇域面积80平方公里，全镇下辖德林村、华西村、镇北堡村、团结村、昊苑村和华西社区。全镇人口32535人。其中昊苑村坐落在贺兰山脚下，有着优美的自然风光和浓郁的田园气息。镇北堡镇集聚了14个葡萄酒企业（酒庄），旅游资源得天独厚，不仅有驰名中外的镇北堡西部影城、苏峪口国家森林公园、贺兰山岩画、滚钟口森林景区、拜寺口双塔等风景、旅游景区，镇域大部分用地为贺兰山自然保护区，是银川西线旅游长廊的中心。

（二）主栽品种

主栽品种为赤霞珠、美乐、品丽珠、马瑟兰、霞多丽。种植基地普遍较小，最小的43.65亩，最大的1500亩，平均值约443亩。

葡萄平均亩产：400千克/亩。

（三）风土特色

海拔1130米，全区以灰钙土、新积土、盐土为主，贺兰山的洪积扇地貌，重砾石及沙石土壤。靠山砾石大且多，靠山脚为沙石土壤。

（四）葡萄酒特点

色泽浓郁，香气富含成熟浆果味，果香成熟且浓郁。口感圆润，丹宁紧实，酸度适中，有较强陈年潜力。

（五）重点酒庄

重点酒庄有志辉源石酒庄、蒲尚酒庄、蓝赛酒庄、美贺庄园等。

三、西夏广场（园林场）

（一）产区介绍

西夏广场周围遍布多家酒庄，这里是银川产区中最为靠近市区的葡萄酒产区，仅仅半个小时的车程，你便可以穿过城市抵达幽静葡园，探索葡萄酒的奥秘。

这里地处富饶美丽的银川平原西部，西山东川，西干渠、新开渠、良田渠等绕境，湖沼镶嵌是这里地貌格局的基本特征。

西夏区还拥有西夏王陵、西夏风情园等知名景区。

（二）主栽品种

主栽品种为赤霞珠、品丽珠、西拉、美乐、马瑟兰、马尔贝克、霞多丽、雷司令。

葡萄平均亩产：400千克/亩。

（三）风土特色

黏土为主，有少量风沙土。这里地势平坦、地下水位较高，以灌淤土、砂质壤土为主。

（四）葡萄酒特点

色泽浓郁，香气饱满优雅，成熟果香。丹宁细腻，结构紧实，酒体平衡。有一定陈年潜力。

（五）重点酒庄

重点酒庄有贺兰晴雪酒庄、迦南美地酒庄、博纳百馥酒庄、米擒酒庄等。

四、三关口

（一）产区介绍

三关口，位于银川市西郊西夏王陵西南，距银川市约五十公里，是宁夏与内蒙古的交界处。这里有一道明代时修筑的长城，曲折蜿蜒，遗迹十分清晰。贺兰山一脉相连，十分陡峭，但到三关口处陡然平缓下来，关口地势十分开阔，此关自古即为阿拉善高原进入宁夏平原的重要通道。三关即从东向西，设头道卡、二道卡和三道卡，后人称之为三道关。这里山脉蜿蜒曲折，地形雄奇险峻。原两山夹峙的山坳中，建有关隘。明统治者为了边防安全，特于三关口筑长城（明称边墙）设关隘，使其成为古代银川城防的“四险”之一。

这里靠近西夏王陵，更是拥有银川最老的一片葡萄园出产优质葡萄酒。

（二）主栽品种

主栽品种为赤霞珠、西拉、马瑟兰、丹菲特、小味尔多、马尔贝克、霞多丽、雷司令。

葡萄平均亩产：450千克/亩。

（三）风土特色

葡萄园主要是冲积扇砾石土壤土质，土壤有机质低，无机质高，昼夜温差高，少雨多风，海拔1200米。

（四）葡萄酒特点

成酒深宝石红色，酒体风格为偏黑色浆果香气，成熟度较高，入口热烈，骨架感丹宁强劲。

（五）重点酒庄

重点酒庄有长城天赋酒庄、贺兰神酒庄、留世酒庄。

五、闽宁镇

（一）产区介绍

距宁夏银川河东国际机场车程约40分钟，到达银川市区约30分钟，地理位置优越，交通便利。北纬38.5°，海拔1100米。

1990年10月，宁夏南部山区西吉、海原两县的1000多户百姓，搬迁到首府银川市近郊的永宁县境内，建立玉泉营、玉海经济开发区，这是闽宁的前身，他们也是闽宁镇的第一代移民。

1997年，在宁夏回族自治区永宁县西部一个叫玉泉营的地方，茫茫戈壁、连绵沙丘。4月的一天，时任福建省委副书记、福建省对口帮扶宁夏领导小组组长习近平带队来到宁夏考察，闽宁两省区负责同志共同商定，要在这里组织实施闽宁对口扶贫协作，建设一个移民示范区。一场跨越2000多公里、历时20多年的闽宁协作由此展开。

1997年7月，这个地方被命名为“闽宁村”。

2001年12月，经宁夏回族自治区人民政府批准，闽宁镇正式成立，闽宁镇在闽宁村的基础上并入玉海经济技术开发区。20多年里，闽宁陆续接纳了来自宁夏“西海固”6个国家级贫困县的4万多名移民。

（二）主栽品种

主栽品种为赤霞珠、西拉、美乐、马瑟兰、霞多丽。

葡萄平均亩产：450千克/亩。

（三）风土特色

几亿年形成的冲积平原上土壤通透性好，富含矿物质，靠近贺兰山，主要是洪积砾石土壤。

（四）葡萄酒特点

宝石红色，新酒富含紫色调，香气幽雅，果香浓郁。入口甜美，酸度适中，平衡度极佳，单宁细腻。有一定陈年潜力。

（五）重点酒庄

重点酒庄为贺兰红酒庄、立兰酒庄等。

六、黄羊滩农场

（一）产区介绍

黄羊滩农场地处银川市西南、贺兰山东麓山前洪集平原，西干渠引黄扬水灌区。东以西干渠为界，与平吉堡农场及兴泾镇相邻，西至贺兰山沿山公路（110国道），南至包兰铁路，与玉泉营农场相连，北至银巴公路。总面积66.4平方公里。

全境属贺兰山东麓山前洪积倾斜平原区，地势西高东低，场部海拔1130米。气候属典型的中温带干旱大陆性气候，干旱少雨，日照充足，蒸发强烈，风大沙多，昼夜温差大，并常伴有霜冻、干热风、冰雹、山洪等自然灾害。多年平均降水量为187毫米，年际变化大，全年降水多集中在7—9月，占全年降水量的65%。年蒸发量1250毫米，是降水量的6倍多。多年平均气温8.5℃，极端最高气温39.3℃，极端最低气温-30.6℃。年日照时数为2800—3300小时。全年无霜期155天左右。夏季多东南风，冬季多西北风，风力6—7级，全年平均风速2.9米/秒。土壤冻结深度0.8—1.2米，冻结期150天左右。

（二）主栽品种

主栽品种为赤霞珠、美乐、霞多丽、黑比诺。

葡萄平均亩产：500千克/亩。

（三）风土特色

土壤类型以灰钙土、风沙土为主，靠近沿山路土壤中富含砾石。土地自然肥力含量中等偏下，土壤厚度较深，多在5米以上。表土质地较轻，大水漫灌时漏水漏肥现象严重。现有耕地大部分属中低产田，由于排水不畅，土壤有盐渍化现象。

（四）葡萄酒特点

这里出产全世界顶级的传统法高泡葡萄酒，果香充盈，酸爽宜人，回味绵长。具有很好的陈年潜力。

（五）重点酒庄

重点酒庄有夏桐酒庄、长和翡翠酒庄、法塞特酒庄。

七、玉泉营农场

（一）产区介绍

玉泉营农场葡萄、葡萄酒产业发展始于20世纪80年代。1982年农场率先从河北引进种苗、技术，建成了3000亩基地；1984年又建成宁夏第一家葡萄酿酒企业——玉泉葡萄酒厂（现西夏王葡萄酒业公司）。1998年自治区政府将葡萄产业列为宁夏六大支柱产业之一，玉泉营农场的葡萄、葡萄酒才走上了规模化、现代化和产业化的发展道路。1998年从法国波尔多地区引进无毒葡萄种条，建设万亩优质高档酿酒葡萄基地；又从国内外引进许多优质鲜食葡萄种条建设葡萄园。“玉泉”牌鲜食葡萄和“西夏王”牌干红、干白葡萄酒均获得国家“绿色食品”证书，“玉泉营”“西夏王”成为宁夏葡萄、葡萄酒的代名词。2003年，玉泉营农场又被命名为“贺兰山东麓葡萄酒原产地域保护核心区”。经过数十年的飞速发展，玉泉营农场已成为宁夏葡萄产业发展的良种苗木繁育基地、优质品种培育基地、葡萄科技示范基地、葡萄酿酒加工基地、优质鲜食葡萄和葡萄酒销售基地、葡萄生态观光旅游基地。

（二）主栽品种

主栽品种为蛇龙珠、赤霞珠、美乐、马瑟兰、霞多丽、品丽珠、贵人香。

葡萄平均亩产：500千克/亩。

（三）风土特色

风沙土为主，因为距离贺兰山较远，土壤中砾石含量较少。

（四）葡萄酒特点

宝石红色，果香幽雅清新，丹宁丝滑柔顺，酒体轻盈，平衡度较高。有一定陈年潜力。

此外玉泉营还能出产水准一流的霞多丽干白，馥郁优雅的果香，伴随着浓郁的热带水果香气，入口甜美，圆润度极佳，酸度适中，回味悠长。

（五）重点酒庄（企业）

重点酒庄有西夏王酒业、玉泉国际酒庄、新慧彬酒庄、保乐力加贺兰山酒业、类人首酒庄、巴格斯酒庄。

第四章

葡萄栽培

一、葡萄品种

要酿造优质的葡萄酒，人们必须懂得原料——酿酒葡萄。不同于大家常见的鲜食葡萄，酿酒葡萄果串大部分小而紧，果粒比鲜食葡萄小；相比鲜食葡萄粒大汁多，香甜好吃的标准，酿酒葡萄更多追求的是香气、糖、酸等物质之间的平衡。根据葡萄皮的颜色，将葡萄大致分为红葡萄和白葡萄两类，每个类别都包含上百种的酿酒葡萄品种。通过简单介绍几种银川产区主栽的酿酒葡萄品种，让大家更好认识葡萄酒和银川产区。

小贴士

除了软木塞和螺旋盖，还有什么材质的酒塞呢？

软木塞和螺旋盖是很常见的两种葡萄酒封装形式，除此之外我们也会遇到玻璃塞封装的葡萄酒。这种玻璃塞最初由一家德国公司在21世纪初发明，目前越来越多地出现在德国和奥地利的葡萄酒品种上。

(一) 红葡萄品种

1.赤霞珠(Cabernet Sauvignon)

果香 ★★★★

酒体 ★★★★★

单宁 ★★★★

酸度 ★★★

酒精 ★★★★

起源于波尔多，由另外两种葡萄品种长相思和品丽珠自然杂交而成，是红葡萄品种中当之无愧的王者。赤霞珠能成为最受欢迎的葡萄品种，得益于其自身优异的生长态势和适应各种气候的良好表现。

赤霞珠葡萄特点是果小皮厚，表皮呈蓝黑色，喜欢深厚、排水性好的砾石土壤。使用赤霞珠葡萄酿造的葡萄酒色泽浓郁，单宁丰富，年轻时具有桑葚、李子、果酱等果实香味，陈年后逐渐显现雪松、烟草、香菇等植物的气息。相比于其他品种，赤霞珠酿造的葡萄酒陈年能力强。

2.蛇龙珠(Cabernet Gernischet)

果香 ★★★★

酒体 ★★★

单宁 ★★★

酸度 ★★★

酒精 ★★★★

起源于法国，是法国最古老的品种之一，现仅存于中国。该品种的来历存在较多争议，一说由张裕公司引进并命名，19世纪由于根瘤蚜的摧毁，该品种在国外葡萄园中消失；另一观点是山东从国外引种时，在品丽珠等品种混合群体中选育而成。银川产区发展初始阶段，曾大规模种植。

蛇龙珠葡萄的果穗和果粒偏大，成熟后表皮呈红黑色，喜欢沙壤土质。使用成熟的蛇龙珠葡萄酿造的葡萄酒，颜色呈宝石红色，柔和爽口，具有玫瑰、中草药等迷人香气，回味持久。

3.品丽珠（Cabernet Franc）

果香 ★★★

酒体 ★★★

单宁 ★★★★

酸度 ★★★★

酒精 ★★★★

来源于法国，作为古老的酿酒葡萄品种，是赤霞珠、美乐等著名酿酒葡萄品种的父本，一般以配角形式出现在葡萄酒中，用作提高酒的果香和色泽。近年来，因果香喜人和轻酒体的特点，品丽珠葡萄酒较受欢迎，品丽珠栽培面积也不断扩大。

品丽珠果粒较小，蓝黑色，果皮较薄，喜欢钙质黏土。品丽珠酿制的葡萄酒具有覆盆子、樱桃等红色水果的香气。口感细腻，柔顺易饮，经常和美乐、赤霞珠酿造的葡萄酒一起调配。

4.美乐（Merlot）

果香 ★★★★

酒体 ★★★

单宁 ★★★

酸度 ★★★

酒精 ★★★★

美乐

原产于法国波尔多地区，可以说是赤霞珠最好的亲姊妹。相比赤霞珠，美乐对气候和土壤的适应能力更强，因此在银川产区广泛种植。

美乐果粒中等大，蓝黑色，果皮较薄，喜欢凉爽的石灰质黏土。在凉爽的地区，美乐酿造的葡萄酒一般具有红樱桃、草莓和李子等香气。而在炎热气候下，会带有一些黑色水果，如黑莓等香气。酸度中等，单宁柔顺，受初饮酒者喜欢。同时，优质的美乐葡萄酒也适合橡木桶培养，以得到复杂的风味。

5.黑比诺(Pinot Noir)

黑比诺

果香 ★★★★★

酒体 ★★★

单宁 ★★

酸度 ★★★★

酒精 ★★★

源自法国勃艮第,一个古老的酿酒葡萄品种,自带贵族属性,充满激情且又温文尔雅,受到葡萄酒爱好者们的极度追捧。

黑比诺葡萄果穗小且紧致,皮薄,呈红黑色,对土壤和气候条件极其挑剔。酿造的葡萄酒香气多变,年轻时有红色水果和玫瑰花类香气,成熟后会出现蘑菇、松露等复杂香气,单宁细致,口感极其柔滑、圆润。同时,黑比诺也是酿造高端起泡葡萄酒的重要葡萄品种,用于调配增加起泡酒的复杂度。

6.西拉(Syrah)

果香 ★★★★

酒体 ★★★★

单宁 ★★★★

酸度 ★★★★

酒精 ★★★★

原产于法国罗讷河谷，在澳大利亚发扬光大。随着西拉在国际上的关注度逐渐提高，该品种在银川产区种植的面积也有所增加。

西拉葡萄果穗大，果皮厚，大部分品系果粒呈椭圆形，比较容易栽种，对各种土壤和气候都有良好的适应性。在银川产区酿造的西拉葡萄酒颜色较深，带有紫罗兰花香和浓郁的果香，口感丰满，酸度中等，酒质细腻，优雅平衡。

7.马瑟兰(Marselan)

果香 ★★★★★

酒体 ★★★★

单宁 ★★★★

酸度 ★★★

酒精 ★★★★

1961年由法国农业研究中心用赤霞珠和歌海娜进行杂交选育而成的年轻葡萄品种，2001年引入中国。近些年随着该品种酿造的葡萄酒在一系列赛事中问鼎金奖，该品种产区栽培面积得到快速增长，具有强大的发展潜力，是被寄予厚望的明日之星。

马瑟兰葡萄果穗中等，果皮厚，呈蓝黑色，在适应产区气候和土壤条件方面表现不俗。酿造的葡萄酒颜色深，有很好的香气和口感辨识度，多呈现荔枝、草莓、紫罗兰花等香气，酒体饱满，具有很好的陈酿潜能。

8.马尔贝克（Malbec）

果香 ★★★

酒体 ★★★★

单宁 ★★★★

酸度 ★★★

酒精 ★★★★

马尔贝克

起源于法国西南部，19世纪被法国移民带入阿根廷，表现异常出色，成了阿根廷的代表品种。在银川产区部分酒庄有少量种植。

马尔贝克葡萄果穗较大，松散，果皮薄，呈蓝黑色。酿造葡萄酒结构丰富，酒体强劲，单宁细腻，年轻时候有花香和李子的香气，成熟后有桑葚、黑莓等黑色水果的香气。

9.小味儿多(Petit Verdot)

果香 ★★

酒体 ★★★★★

单宁 ★★★★★

酸度 ★★★

酒精 ★★★★

小味儿多

主要分布于法国波尔多地区，起源尚不明确，在银川产区有少量种植。

小味儿多葡萄果穗中等大，果穗松散，果皮中等厚，圆形，紫黑色，极晚熟品种。该葡萄品种虽然历史较久，极少用于酿造单品种葡萄酒，以调配为主。酿造的葡萄酒颜色深，酒体饱满强劲，有一些红色水果的香气。

（二）白葡萄品种

1.霞多丽(Chardonnay)

果香 ★★★★

酒体 ★★★★

圆润 ★★★

酸度 ★★★

酒精 ★★★

霞多丽

原产自法国勃艮第，毫无疑问是最知名的白葡萄品种，全球广泛种植，也是银川产区种植的主要白葡萄品种。

霞多丽葡萄果穗小，果粒中等，呈黄绿色，能轻松应对各种气候和土壤条件，适应性很强。在银川产区炎热的气候条件下，霞多丽酿造的葡萄酒呈禾秆黄色，香气浓郁，有典型的热带水果和洋槐花香气，酒精度高，在橡木桶陈酿后具有烘烤、香草和干果的香气。高端起泡酒也是霞多丽另一个重要舞台，它能带给起泡酒清新的香气和活跃的口感。

2.雷司令(Riesling)

雷司令

果香 ★★★★★
酒体 ★★
圆润 ★★
酸度 ★★★
酒精 ★★

原产德国，是德国的代表性品种，20世纪80年代引入我国，在银川产区有少量种植。

雷司令葡萄果穗小，着生紧密，呈黄绿色，比较挑剔，喜欢凉爽的气候和板岩土壤。银川产区对于雷司令来说，比较炎热，酿造的葡萄酒有馥郁的花香和成熟的水果香气，相对较高酒精度和较重的酒体。根据不同的原料情况，部分酒庄使用该品种酿造一些半干或甜型的葡萄酒。

3.贵人香(Italian Riesling)

果香 ★★★

酒体 ★★★

圆润 ★★

酸度 ★★★★

酒精 ★★

原产意大利和法国南部,也有人认为起源于罗马尼亚,引入中国后,在各地均有较多栽培,在银川产区也有少量分布。

贵人香葡萄果穗中等大,果粒中等,呈黄绿色,适应性好,在砂壤土和丘陵山地表现较好。酿造葡萄酒颜色略浅,香气浓郁,主要呈花香,酸度较高,清新爽口,适合早饮。

4.维欧尼(Viognier)

维欧尼

果香 ★★★★★

酒体 ★★★

圆润 ★★★

酸度 ★★

酒精 ★★★★

维欧尼是一个较为古老的品种，起源没有明确的定论。由于根瘤蚜的危害，一度濒临灭绝，后来由于所酿造的葡萄酒颇受欢迎，种植面积逐渐增大。在银川产区有少量种植。

维欧尼葡萄果穗中等，紧密，果粒小，呈卵圆形，成熟时果实呈深黄色。酿造的葡萄酒呈金黄色，香气浓烈，主要表现为花香、桃和哈密瓜等香甜水果香气，口感清新，酸度较低，典型性强。

5.小芒森(Petit Manseng)

果香 ★★★★★

酒体 ★★★★

圆润 ★★★★★

酸度 ★★★★

酒精 ★★★★

小芒森

该品种起源于法国西南部，由中法庄园引入中国，在银川产区有少量种植。

小芒森葡萄果穗中等大小，果粒小，皮厚，晚熟，成熟后果皮呈黄色。由于高糖、高酸的生物学特性，常被用来酿造天然甜酒。酿造的葡萄酒有非常明显的花香和果香，甜白葡萄酒还会带有一些蜂蜜、奶油和干果的香气，酸度较高，口感清爽，余味纯净。

二、银川产区的葡萄园

葡萄园，优秀葡萄酒产区必不可少的元素，因风土条件差异，不同葡萄酒产区葡萄园都会有一些自己的特点。

（一）葡萄藤埋土和出土

由于银川产区的冬季极端低温可达到-20°C以下，超出常见酿酒葡萄品种的抗寒极限。同时，由于产区春季和冬季的大风和干燥空气的影响，容易造成葡萄枝条失水抽干，故在这种条件下葡萄冬季休眠期需要进行埋土防寒。经过多年的研究和实践，目前为止，比较有效的方法还是埋土。

来年春季，气温回升后，准确把握好时间，不能过早，也不能过晚，在葡萄芽眼萌动前，将葡萄藤从土里扒出来，完成葡萄藤出土。

（二）树形

为便于银川产区葡萄藤在冬季的埋土防寒，产区葡萄藤栽培树形异于世界其他产区常见树形。目前常用两种是倾斜龙干形和厂字形。

倾斜龙干形　第一年只留一个新梢，经过2—3年的培养形成一个多年生主蔓及一个一年生枝中长梢延长头，从第一道丝向上主蔓上每隔约15厘米培养一个结果枝组，不留侧蔓——整体看来形似龙形，主蔓基部顺行、同向倾斜上架，当年生枝在主蔓四周呈放射状自然张开，果实着生在叶幕内部的主蔓周围。该树形常见于早期建设的葡萄园。

厂字形　经2—3年培育成形，葡萄主蔓基部与地面倾角不超过45°，上扬到第一道铁丝后水平绑缚，结果枝均匀着生在主蔓上，并垂直向上生长。该树形是近些年新建葡萄园常用树形。

倾斜龙干形

（三）行距

为了便于冬季埋土防寒取土和大型拖拉机进行机械作业，银川产区葡萄栽培行距比较大（≥3米），新建葡萄园以3.2米和3.5米的行距较多。较大的行距能较好地保证葡萄藤获得更好光照条件，提高葡萄品质。

（四）灌溉和病害

由于银川地区气候干旱，产区葡萄园基本具备滴灌条件，提供了良好的控制葡萄品质的途径，减少年份间的差异，保证了葡萄的品质。

相较于世界上大部分产区，银川产区由于干旱的气候，葡萄病害很轻，管理得当的情况下，基本不喷施化学农药，确保葡萄原料绿色健康无公害。

三、葡萄的主要物候期和周年管理

葡萄的主要物候期分为伤流期、萌芽期、展叶期、开花期、坐果期、转色期、成熟期、落叶期、休眠期等。

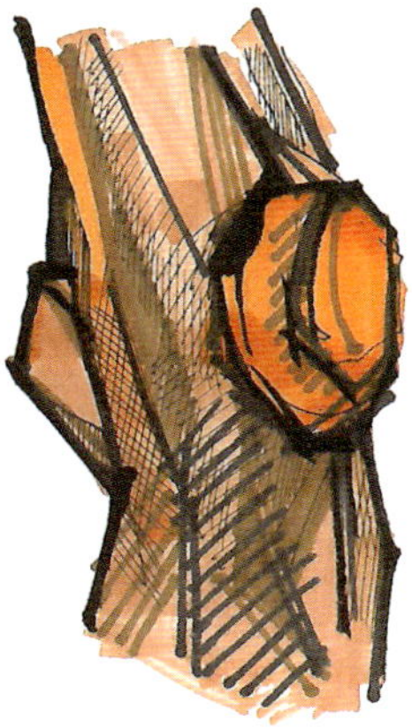

伤流期

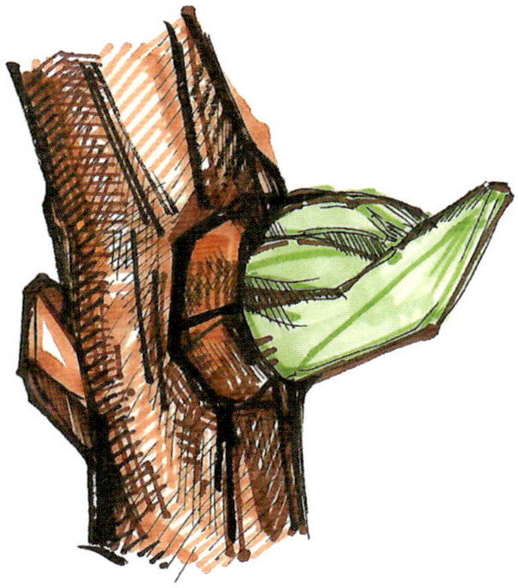

萌芽期

出土 春季气温回升，葡萄根系周围土壤温度达到7—8℃时，葡萄根系开始活动。3月底4月初，环境温度逐步稳定，葡萄园开始出土工作，人工和机械配合，将葡萄藤上的覆土清理干净。出土工作需在葡萄冬芽萌动前完成，一般持续半个月左右。完成后，应及时灌溉，给葡萄藤补充水分。

绑蔓 葡萄萌芽前，根据不同树形，将葡萄藤整齐绑缚在架材上，过程中需要注意保护葡萄芽眼。大部分葡萄园主要由人工使用麻线绳绑缚，部分葡萄园近些年开始使用手动或电动绑蔓工具，大大提高了工作效率。

抹芽 4月中下旬，葡萄芽开始萌发。萌发后，为不浪费树体营养，需要抹除主蔓上不必要的萌蘖，以及结果母枝上的畸形芽弱芽、并生芽和密集芽。其间还需要进行灌溉、施肥等工作。

展叶期

开花期

定梢　5月上旬，展叶后，随着气温升高，新梢迅速生长，慢慢可以看见新梢上的小花序。为保证葡萄品质，需合理控制产量，开始定梢工作，选择长势强壮、带有花序的新梢保留，去掉长势弱、不带花序徒长或多余的新梢，使其分布均匀。

上架　5月中旬，随着新梢长度达到预期，需要对垂直向上生长的新梢进行人工绑缚或采用双丝收拢，保证架面通风透光，完成后进行摘心，控制新梢长度，促进开花坐果。开花前，依据实际情况，适当施肥和补充硼等微量元素，同时进行葡萄藤下杂草清除工作，改善葡萄藤生长环境，提高坐果率。

叶柄检测　5月下旬到6月初，葡萄园进入花期。在此期间，选择花序对面叶片进行叶柄取样，检测葡萄藤的营养状况，为后期田间管理提供数据支撑。同时需要通过水肥控制，合理控制副梢生长，在保证正常叶幕前提下，提高架面通风透光率，促进坐果。

坐果期

转色期

副梢处理 6月中旬，坐果后，浆果开始生长膨大。有2次生长膨大高峰，持续到7月底或8月初结束。其间主要工作是进行副梢处理，对果穗周围副梢进行全部抹除或保留2—3片叶片摘心，改善果穗周边环境，提高葡萄品质。其余副梢通过机械修剪，保持合理叶幕面积和厚度。完成上述工作后，通过清点果穗数量，预估产量，为后期生产做好准备。其间需合理灌溉，满足果实生长需求。

疏果疏叶 7月底到8月初，进入转色期，红葡萄品种开始着色变红，白色品种果皮逐渐变透明，果粒变软。转色初期，部分葡萄园根据实际情况进行疏果和疏叶工作，依据估产情况和自己的产量要求，把多余的葡萄串剪掉，保留接近主干和品质好的果串，同时把多余的叶片摘除，让空气更流通，保证葡萄更好地获得阳光，增加酚类物质积累，提高葡萄品质。

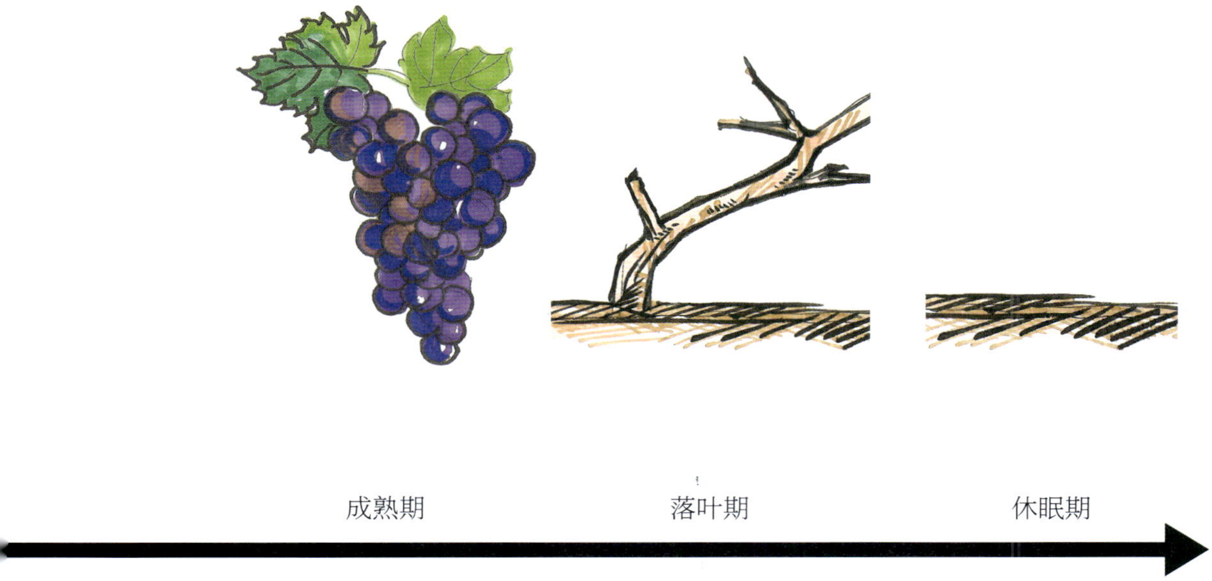

采摘　由于不同品种成熟期差别以及各酒庄的不同要求，银川产区葡萄采摘工作从8月初持续到10月中旬。成熟期间，定时取样，监测葡萄成熟度，同时时刻关注天气情况，满足要求后，及时组织人工进行采收，保证在葡萄品质最好的时间段完成葡萄园的采摘工作。

冬季修剪、埋土　10月中下旬至11月上旬，树叶开始变黄脱落，营养回流。开始冬季修剪。为了保证葡萄藤的寿命和可持续发展，需要根据树形和既定的技术方案修剪葡萄藤。修剪完成后，葡萄藤顺向压倒在地面上，当气温降到0°C以下后，通过犁具给葡萄藤覆上厚厚的土层（宽≥1.2米，高≥0.3米）。埋土结束后，葡萄藤进入长达4个月的冬季休眠期。休眠期间，通过传感器，监测地温，实时关注葡萄藤情况；同时进行土壤取样检测，了解土壤状态，为来年生产打好基础。

第五章
葡萄酒酿造与品鉴

葡萄酒是以鲜葡萄或葡萄汁为原料，经过全部或部分发酵酿制而成的，含有一定酒精度的发酵酒。银川市主要的红色酿酒葡萄品种有赤霞珠、美乐、品丽珠、马瑟兰、西拉、蛇龙珠、黑比诺，主要的白色酿酒葡萄品种有霞多丽、贵人香、雷司令、长相思、小芒森。

小贴士

葡萄酒醒酒要醒多久呢?

醒酒的过程是葡萄酒与氧气接触，唤醒酒中香气和风味的过程。对于酒体较为轻盈的适饮期葡萄酒，一般可以用醒酒器醒酒15分钟左右；对于那些年轻的或者酒体饱满的陈酿型葡萄酒来说，醒酒时间可以在1小时以上。

一、平静葡萄酒

（一）白葡萄酒的酿造

简单来说，白葡萄酒的酿造是将从白葡萄压榨出来的果汁发酵成酒。一般酿造流程如下。

1.除梗破碎或整穗压榨

酿酒师根据葡萄成熟度的检测结果确定采收日期，葡萄经过精心分选后除梗破碎或整穗放入压榨机里，压榨取汁。

对于芳香型葡萄品种，为了充分利用葡萄的品种香气，可以将除梗破碎后的 原料在低温下进行浸渍，使果皮中的芳香物质进入果汁中，之后再分离果汁。

2.果汁的处理

经过压榨的果汁是浑浊的，里面含有部分果皮、种子以及果梗。这些物质的存在会对葡萄酒的质量产生不良影响，需要在发酵开始前予以去除。常见的澄清手段包括低温沉降和下胶等方法。

3.酒精发酵

澄清后的果汁会在较低的温度下进行酒精发酵，酒精发酵的酵母菌可以是添加的筛选后的纯种酵母，也可以是原生酵母。酒精发酵消耗了果汁里面的糖分，同时产生了酒精和二氧化碳。发酵过程可以在不锈钢发酵罐、橡木桶或者水泥罐、陶罐等惰性容器中进行。

酒精发酵结束后，发酵容器底部会有酒泥沉淀，此时可以通过倒罐取清汁的 方式进行分离。

4.白葡萄酒陈酿

发酵结束后的干白葡萄酒可以根据葡萄酒的风格选择在不同的容器中进行陈酿。陈酿会增加葡萄酒的稳定性，同时改变葡萄酒的风味，使之更加圆润、成熟。陈酿结束后，经过稳定性处理的葡萄酒就可以装瓶了。

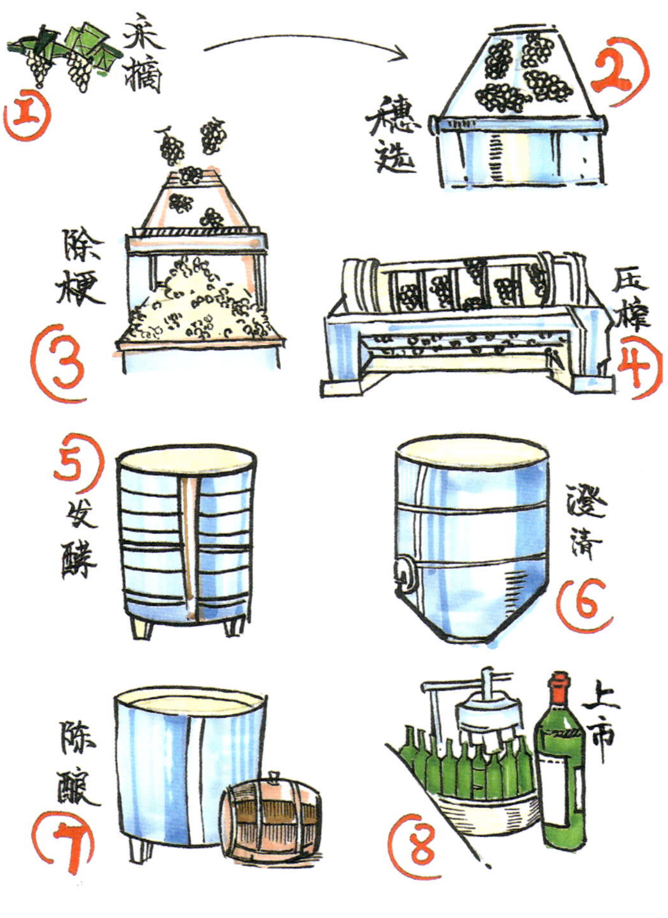

图5-1　白葡萄酒工艺流程

（二）红葡萄酒的酿造

红葡萄酒的酿造与白葡萄酒酿造的不同之处在于红葡萄酒的发酵是葡萄皮与葡萄汁的混合发酵过程。

1.除梗破碎

绝大多数的红葡萄酒酿造都会在分选后进行除梗破碎操作，方便果汁流出，同时在此过程中尽量避免对果皮的过分撕裂或压破种子，也可以保留部分果梗。

2.浸渍发酵

入罐后的果皮和葡萄汁混合物往往会在低温下进行冷浸渍操作，通过冷浸渍可以使果皮里面的花色素和芳香物质进入果汁。

冷浸渍结束后就可以升温接种酵母（或者利用原生酵母）进行酒精发酵了。发酵过程中，果汁中的糖分会变成酒精并产生二氧化碳，同时果皮中的丹宁和色素也会溶解在葡萄酒里面。果皮会被酒液中的二氧化碳带动上升到发酵罐上部形成“帽”。为了更好地萃取果皮中的优质丹宁和色素，发酵中，酿酒师会将发酵罐下部的果汁抽取出来淋洗皮渣帽（称为倒罐或者打循环）。当然，对于小型发酵罐也可以直接将皮渣帽用不锈钢打花器打散压入果汁中（称为压帽）。

浸渍是酿造红葡萄酒的关键，为了得到更好的颜色、丹宁和风味，红葡萄酒发酵温度一般会控制在25—30℃。在浸渍一段时间后，酿酒师会根据浸渍效果，适时分离自流酒和皮渣；皮渣会被收集压榨，得到压榨酒。

3.苹果酸-乳酸发酵

酒精发酵结束后，红葡萄酒绝大多数都会进行苹果酸-乳酸发酵。苹果酸-乳酸发酵会降低红葡萄酒的酸涩感，增加葡萄酒风味的复杂性，提高红葡萄酒质量。

4.红葡萄酒的陈酿

发酵结束后得到的葡萄酒需要经过陈酿来获得最佳饮用质量，变成成熟的葡萄酒。红葡萄酒的陈酿会根据酒的风格在橡木桶、不锈钢发酵罐甚至陶罐内进行，陈酿结束后会由酿酒师进行调配、装瓶。

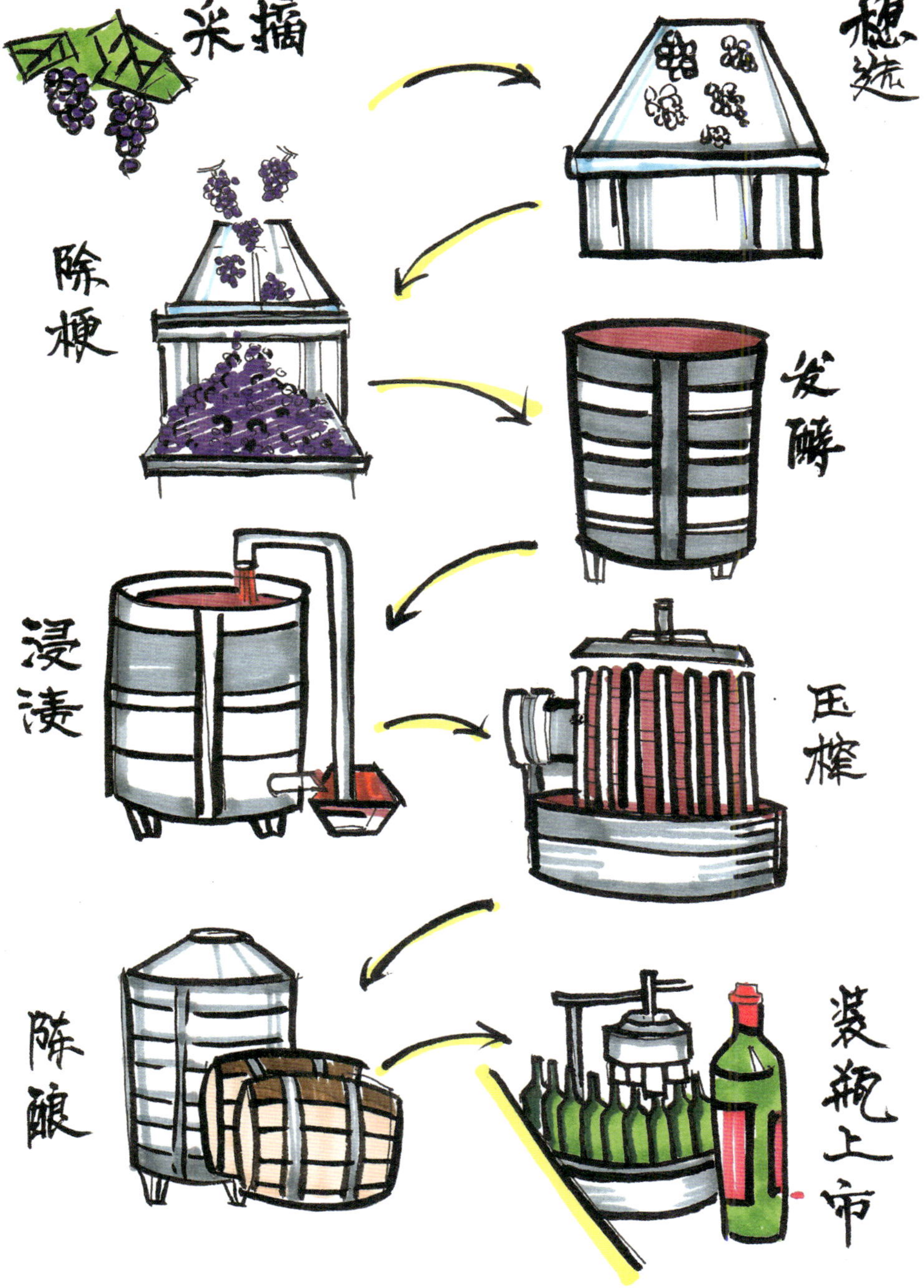

图5-2　红葡萄酒工艺流程

（三）桃红葡萄酒的酿造

常见的桃红葡萄酒酿造方式主要有两种：一是类似于白葡萄酒的酿造方法，可以直接压榨红葡萄品种，发酵得到的果汁；二是短期浸渍，将葡萄汁与葡萄皮进行短时间的接触后分离，葡萄汁单独进行发酵。

小贴士

我开了一瓶酒，但是之后喝不完怎么办？

没有喝完的葡萄酒由于酒液与氧气的接触更大，会更快氧化。我们可以在家里准备几个干净的375ml酒瓶，将剩下的葡萄酒转移到这些375ml的干净空瓶中，塞上塞子，这样会减缓剩余葡萄酒的氧化速度，增加葡萄酒良好状态的保持时间。当然，还是需要大家尽快喝完。

二、起泡葡萄酒

起泡葡萄酒是二氧化碳压力等于或大于0.05MPa（20℃）的葡萄酒，气压全部来自由发酵产生的二氧化碳。

（一）传统法起泡酒酿造

传统法起泡酒是指葡萄酒里的二氧化碳是通过瓶内二次发酵法产生的。传统法起泡酒的酿造包括两个阶段：一个是葡萄基酒的酿造，另一个是葡萄基酒在玻璃瓶里的二次发酵（产生气泡的过程）。

（二）传统法起泡酒基酒的酿造

起泡葡萄酒基酒的酿造与干白葡萄酒的酿造一样，只是为了获得更加清爽的酸度和清新的口感，酿造起泡葡萄酒的葡萄采收时间相对来说会比酿造干白葡萄酒的葡萄更早。

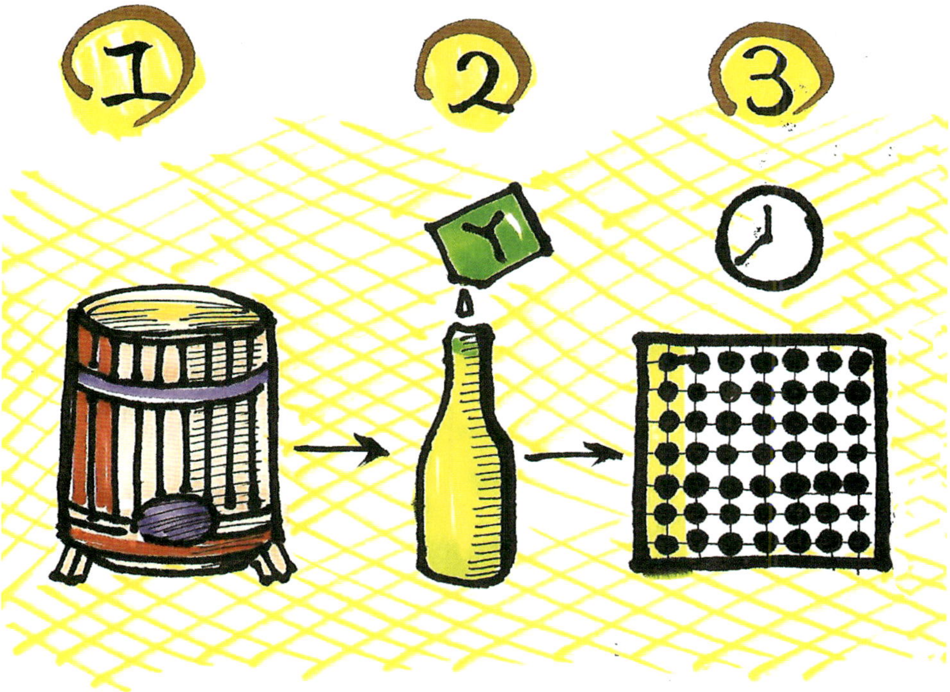

（三）传统法起泡酒的基酒调配

传统法起泡酒是一门调配的艺术。在基酒酿造完成后，酿酒师会把不同年份、不同品种的基酒进行精心调配，互相取长补短，以得到更优雅复杂的葡萄酒。

（四）起泡葡萄酒的瓶内二次发酵

二次发酵是将酒液、糖分和酵母的混合液封闭在瓶中进行发酵，产生二氧化碳。酵母细胞壁含有的风味物质在与酒液长时间的陈酿过程中为酒体增加了圆润度和复杂度并演化出烤面包、饼干、坚果和蜂蜜的香气。

（五）转瓶与吐渣

在瓶内二次发酵结束后，会通过转瓶操作把酒泥沉淀聚集到瓶口处，然后将沉淀部位浸入-24°C的冷却液中迅速冷冻，使冻住的酒液包裹住沉淀，瞬间开盖喷出沉淀，补充调味液后再用软木塞和丝扣封住瓶口，就可以贴标上市了。

传统法

三、葡萄酒品鉴方法

葡萄酒的独特之处就在于多种多样，变化多端。贺兰山东麓葡萄酒亦如此，前面提到的众多子产区，其葡萄酒特点各不相同。微气候、品种特色、酿酒风格、年份变化等，都会使得葡萄酒特点不一、口味不同。只有掌握品鉴方法并通过科学、系统的训练，才能去独立地欣赏葡萄酒的美妙。

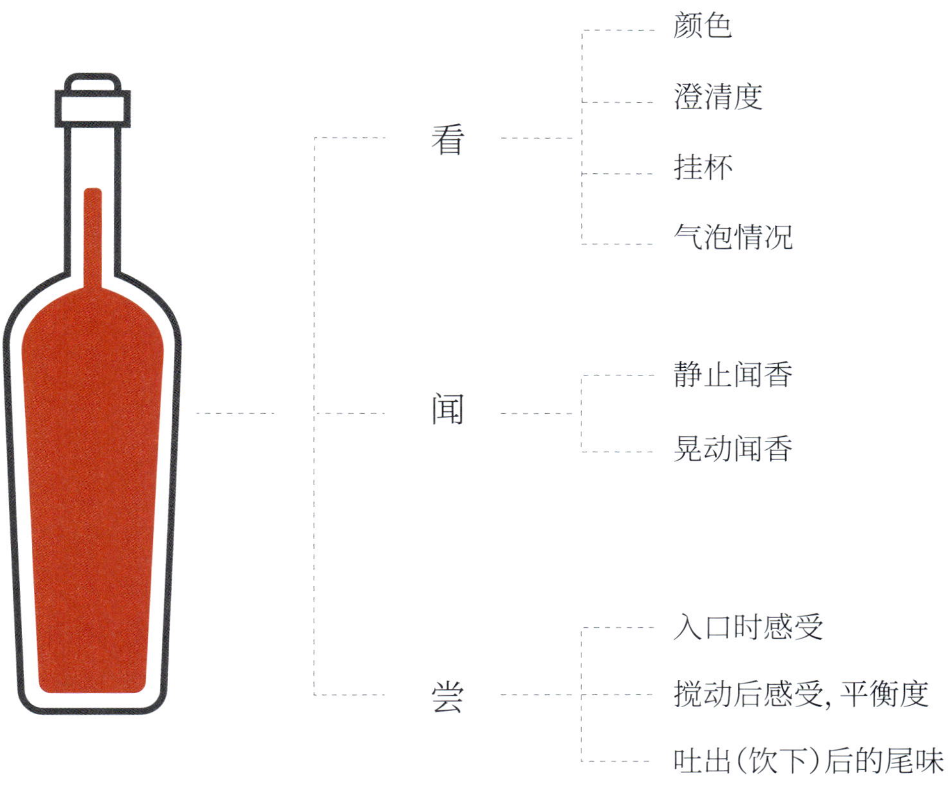

图5-3　葡萄酒品鉴方法归纳

（一）看

1.颜色

颜色是品鉴葡萄酒的第一个环节，通过颜色我们可以获取很多关于酒的信息。

将酒杯倾斜置于白色背景上，透过自然光或白色灯光观察葡萄酒颜色及酒液边缘颜色。

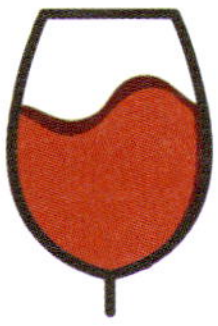

晃动酒杯观察酒泪下落的速度及粗细。

红葡萄酒中含有大量的花色素苷，这些天然色素来源于葡萄皮。不同品种、不同产区、不同成熟度、不同工艺的葡萄酒，颜色的深浅以及色调都不相同。红葡萄酒在年轻时会呈现紫红色，随时间变化颜色会越来越浅，紫色调减少，黄色调增多，逐渐转为宝石红、石榴红，再到砖红色。

白葡萄酒中没有这些花色素，所以颜色呈黄绿色，我们多用禾秆黄色去形容，酒越年轻绿色调越多，随着时间的变化，黄棕色调增多，酒液会逐渐变化成金黄色、琥珀色，直至棕色。

桃红葡萄酒中含有少量花色素，所以呈现桃红色，也叫作玫瑰红色。颜色由深至浅分为三文鱼色、洋葱皮色、石榴红色等。随着时间的推移，桃红葡萄酒同样会出现黄棕色调。

2.挂杯

摇动酒杯后可以观察到一些酒滴，缓慢流下，在杯壁上留下不规则的柱状痕迹。这些酒痕被称为“挂杯”现象，也被称为“酒泪”“酒腿”。

很多人认为挂杯好的酒质量更佳，但实际上挂杯的多少与葡萄酒质量无直接因果关系。但是可以肯定，成熟度好的葡萄酒通常酒泪就越多且酒泪流动缓慢。银川产区葡萄酒因为酒精度高，成熟度好，通常都有丰富的挂杯。

3.澄清度

随着时间的推移，变化的不只是葡萄酒的颜色，有时葡萄酒也会出现天然的结晶和沉淀，甚至出现浑浊现象。通过观察澄清度我们可以判断葡萄酒的状态。

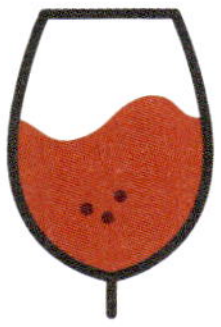

结晶

结晶，通常是因为温度变化导致的酒石酸盐析出，其并不影响饮用。

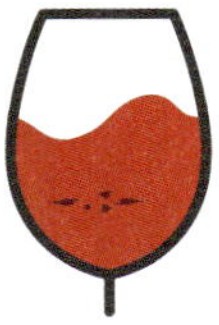

泥状沉淀

泥状沉淀，通常是单宁、色素形成的沉淀，他们是因为时间的变化逐渐聚合导致的，也不影响正常饮用。

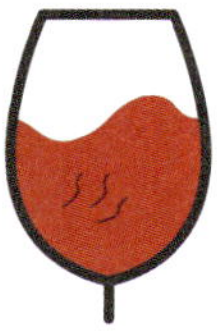

絮状悬浮物

絮状悬浮物很有可能是蛋白质不稳定导致，也有个别情况是微生物导致的。如产生不愉快的气味，那么就不建议饮用了。

4.气泡情况

对于起泡酒而言除了上述的要点外，还应观察杯中不断冒出的气泡，气泡的大小、连续性、细腻度等，都是起泡酒品质的指标。通常传统法的气泡持续性、细腻度要远远高于大罐法和充气法。而银川产区的气泡酒都是采用传统工艺酿造而成的。

（二）闻

静止闻香　将鼻子深入杯中，深吸一口气，感受葡萄酒的香气类型，逐渐在脑中匹配与之对应的香气大类，如花香、果香、烘烤味。

晃动闻香　晃动酒杯，让酒液与空气氧化，之后再将鼻子探入，吸气，感受更浓郁的香气。晃动闻香时就需要更详细地辨别出香气的名称，如柠檬、玫瑰花、李子酱、咖啡等。

葡萄酒的香气可以分为三大类：一类香气、二类香气和三类香气。

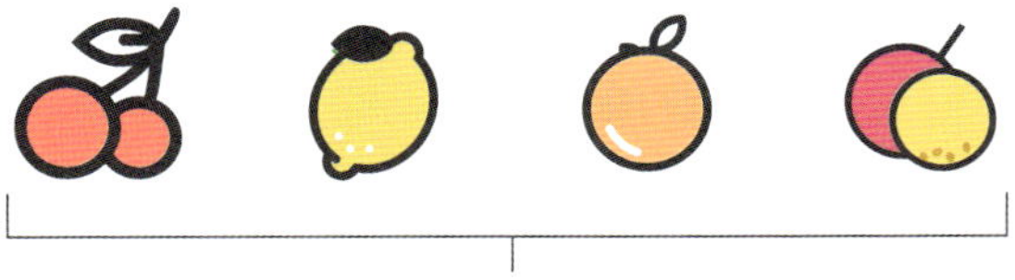

一类香气

一类香气，又叫品种香，比如樱桃、柠檬、柑橘、百香果等香气。

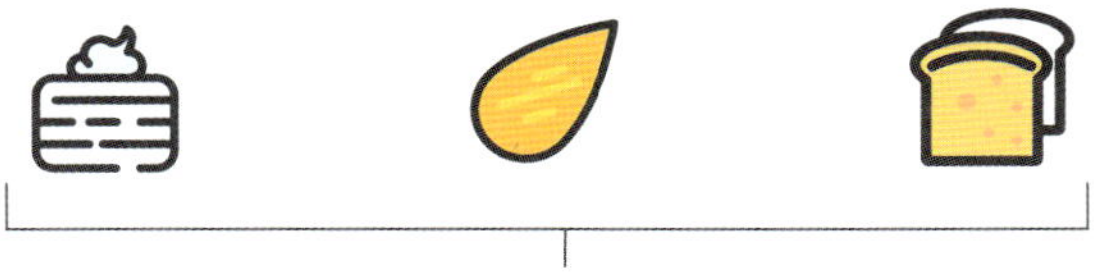

二类香气

二类香气，又叫发酵香，比如奶油、杏仁、烤面包等香气。

三类香气

三类香气，又叫陈酿香，比如麝香、雪松、咖啡、皮革等香气。

缺陷香气

另外，还有缺陷香气，又叫不良香气，比如臭鸡蛋、大蒜、消毒水、烂蘑菇等气味。

（三）尝

先喝一口，大概20毫升的量，伴随着吸入空气，并配合用舌头搅动，让酒液在口中停留10秒以上，充分感受葡萄酒，之后吐出。

甜　干型葡萄酒中没有任何糖分，饮用时还是能尝到甜味。这是因为酒精给我们带来了甜感。此外，甘油也会增加葡萄酒中的圆润度，让我们尝起来有甜美感。

酸　所有的葡萄酒都有酸度，相同浓度下苹果酸酸感强于酒石酸和柠檬酸以及乳酸。正是由于这些酸的存在使得葡萄酒显得清爽和强劲。但通常白葡萄酒的酸度比红葡萄酒要高。如果酸度太低，葡萄酒尝起来就会显得过甜过腻。与炎热的气候相比，寒冷的气候也往往会带来更高的酸度。

苦　单宁是让葡萄酒又苦又涩的物质，它存在于葡萄皮、葡萄籽以及葡萄梗中。葡萄酒中单宁含量的多少取决于酿酒过程中浸皮量的大小。白葡萄酒和桃红葡萄酒基本不进行浸皮，因此从酒中几乎尝不到苦味。

酒体　它是一种对浓度、质感和黏度的感知，是酒精、单宁、糖分及香气的综合体现。有些葡萄酒的酒精度虽高，但依旧酒体轻盈，这是因为单宁含量少，口感清淡。

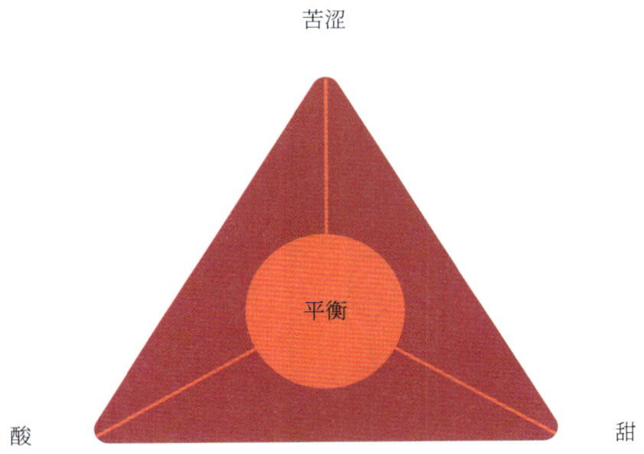

平衡　葡萄酒最重要的指标就是平衡度，各个感官感受均衡且令人舒适。白葡萄酒往往体现于酸度与甜度的平衡；红葡萄酒往往体现于甜度、酸度与苦涩之间的平衡；往深入去探究平衡性，葡萄酒应有香气与口味上的高度融合及协调。比如橡木桶带来的木香与果香之间的平衡。一款失衡的葡萄酒会给人带来不愉悦的感受，比如单纯的甜味会使葡萄酒喝起来很腻，酸度过高的葡萄酒会显得艰涩难饮。

尾味　这指的是当咽下或吐出葡萄酒之后，令人满意的香气可以在口中持续的时间。悠长复杂的尾韵是高品质葡萄酒的标志。

典型性　这是指葡萄酒能给品酒者带来清晰的品种、产地和风格信息。比如该品种的特有香气，该地区的特有口味，该年份的特有特征等。这需要品酒者积累足够的葡萄酒知识和丰富的品酒经验，不仅能掌握各品种的典型特点，还要掌握各品种在不同产区、不同工艺下的风格表现。“甘润平衡”是贺兰山东麓葡萄酒的典型特征。

四、其他品鉴知识

葡萄酒类型

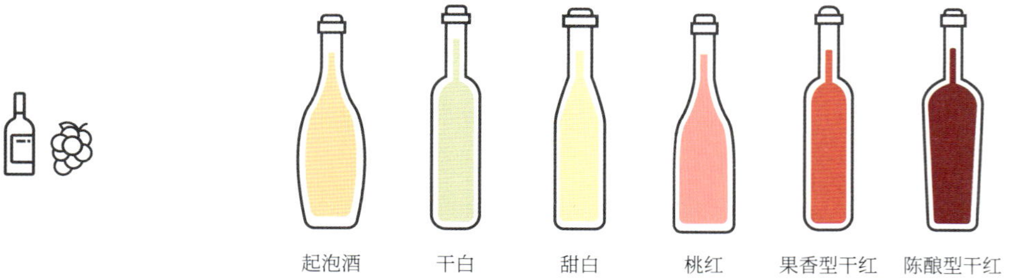

匹配杯型

侍酒温度　6℃　10℃　18℃

餐酒搭配

葡萄酒生命曲线

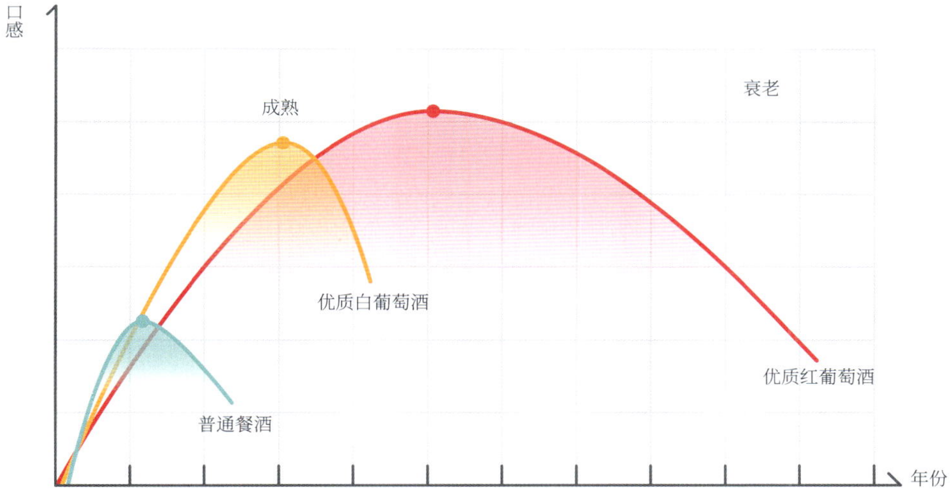

总而言之，通过对葡萄酒的描述，我们可以对它的质量有个大概的评估。当然，对质量的客观评价应该超越个人好恶。通过对比品尝和垂直品鉴多锻炼学习。

附　录

贺兰山东麓葡萄酒
银川产区年份报告

一、银川产区葡萄酒年份特点

贺兰山东麓产区深受贺兰山的庇佑、黄河的滋养，很少出现品质较差年份，不同年份间可谓各有千秋，各有自己的风格，值得探寻！

2015年　紧致有力量。果树产量适中，生长季平稳，采收季基本无降雨。果香成熟，单宁紧实有力量，适合陈年。贺兰山东麓葡萄酒酒精度通常较高，基本所有年份都在13%vol以上，2015年酒精度适中，好的葡萄园葡萄酒酒精度基本达到14%vol。

2016年　浓郁成熟。受春天的风灾影响，部分产区略有减产。7—8月温度较高，果实成熟度较高。果香是偏向甜美成熟的果香，单宁更加饱满，质地更加细腻，酒精度更高。

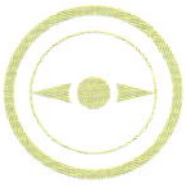

2017年　协调细腻。十分平稳的一年，产量和品质都令人满意。香气充满浓郁的新鲜水果味道，酒体平衡，酸度适中。

2018年　轻盈易饮。可能是近些年最具挑战的年份，春季轻微霜冻，7—8月超出往常的连阴雨，降水量比往年增加了50%。影响了果实的转色和酚类物质的成熟。以红色水果香为主，酒体比往年更轻盈，酸度更高，酒精度更低。

2019年　饱满强劲。十分平稳且热量很高的一年，果实的颜色和单宁成熟度极高。酒色深，充满成熟浓郁的黑色水果香气，酒体饱满，单宁量大且成熟，酒精度高。

2020年　细腻协调。春季严重的霜冻使产区减产50%以上，成熟期热量比往年降低了一些，原料着色稍差。红色和黑色水果香气并存，单宁数量不高，酸度较高，酒精度稍低。

2015年　★★★★☆

1.无霜期

无霜期作为一项气象数据指标常被用来判断某一年份的生长期长短。从2013—2015年3年的无霜期来看，2015年与2013年相比相差不大，与多年的平均数值相近，都在190天左右，属于正常的生长年份，而2014年的无霜期最长为226天。

表1　2013—2015年无霜期统计

年份	晚霜期	早霜期	无霜期（天）
2013年	4月10日	10月15日	188
2014年	3月22日	11月2日	226
2015年	3月24日	10月4日	195

注：本文所用的气象资料数据均来自产区内部的气象站系统。

2. 葡萄生长期内热量状况

2015年葡萄生长期内（4—10月）累积活动积温同2013年和2014年相比偏低，

2015年的数据为1913.5℃，而2013年数据最高，为2112.9℃。2015年葡萄在3月28日开始出土，与2014年保持一致，比2013年早5天。葡萄出土后前期的温度比较温和，在葡萄新梢生长的4—5月温度也没有大的变化。5月底6月初的葡萄开花坐果期比往年同期偏低，从而导致了物候期稍微的延迟。但是在7月底8月初出现了多日的持续高温，加速了葡萄的成熟。进入9月份秋季天气多变，气温随着降水情况而变化，这也就使得葡萄采收期不能连续，各酿酒师根据实际情况安排采摘。10月份的天气比较温和，比以往两年平均温度偏高，有利于葡萄枝条的成熟和葡萄冬季修剪工作。

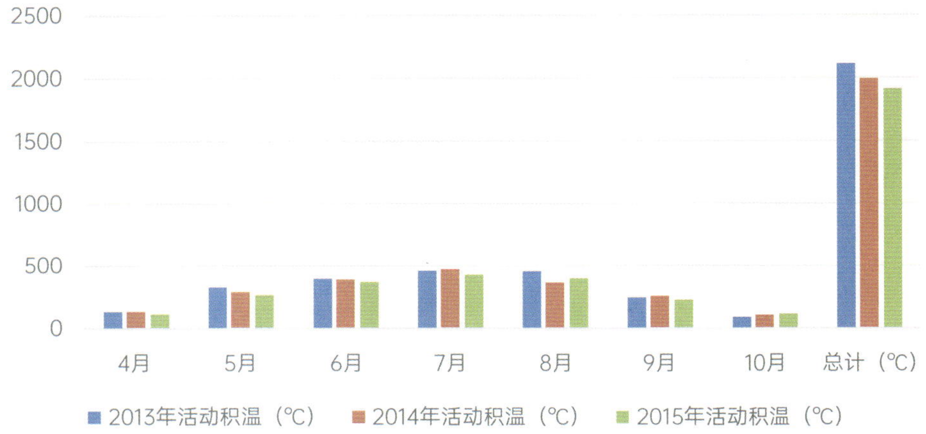

图1　2013—2015年葡萄生长期内活动积温（℃）统计

3. 葡萄生长期内降水量状况

2015年葡萄生长期内总降水量为167.5毫米，比同期2013年117毫米和2014年129毫米偏多。纵观2015年，4月中旬适量的降水有利于葡萄萌芽和新梢生长，进入6月份几乎无降水，从而保证开花授粉过程的顺利完成，也令葡萄均匀成熟，同时降低了病害发生的概率。在葡萄成熟的8—9月，2015年的降水频次比往年偏多，减缓了葡萄的成熟度，但同时单次降水量不是太大，且没有出现连阴雨的状况，从而避免了病害的发生和蔓延，延长了葡萄采收期。

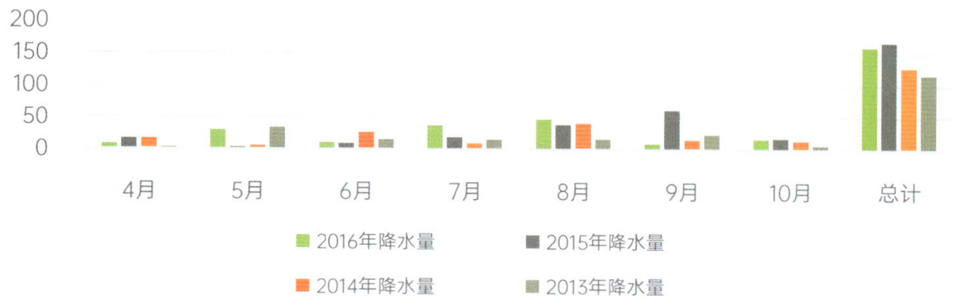

图2 2013—2016年葡萄生长期内降水量(mm)统计

4. 葡萄生长物候期

以酿酒葡萄霞多丽为例，2015年葡萄生长物候期与之前的两个年份比较要稍晚些。通过田间观察记录，2015年葡萄初花期为5月28日，这比2014年要晚5天，比2013年晚1天，这与本年份的前期活动积温偏低有关。但是随着7月底8月初的持续高温，2015年把前期滞后的物候期弥补过来，葡萄成熟期与往年相比持平。

表2 2013—2015年霞多丽葡萄物候期观察统计

物候期	2015年	2014年	2013年
1.冬芽	2015年3月27日	2014年3月25日	2013年4月1日
4.萌芽期	2015年4月15日	2014年4月11日	2013年4月16日
12.新梢期	2015年4月29日	2014年4月22日	2013年5月3日
19.初花期	2015年5月28日	2014年5月23日	2013年5月27日
25.80%花冠脱落	2015年6月2日	2014年5月30日	2013年6月5日
31.幼果期(果粒豌豆大小)	2015年6月28日	2014年6月25日	2013年6月30日
32.闭穗期	2015年7月15日	2014年7月10日	2013年7月20日
34.转色期	2015年7月18日	2014年7月20日	2013年7月28日
38.成熟期	2015年8月21日	2014年8月22日	2013年8月25日
43.开始落叶	2015年10月4日	2014年10月15日	2013年10月9日
47.落叶结束	2015年10月25日	2014年11月3日	2013年10月29日

注：葡萄物候期记录标准参照国际通用的EL-47规则。

5. 葡萄成熟度状况

2015年霞多丽葡萄于8月18日开始采收，与2013年和2014年相比早4—5天。采收期阳光充足，白天高温，夜晚凉爽，不仅有利于糖分积累和芳香物质的生成，而且很好地避开了后期的降雨，使得葡萄有着很好的健康状况，果实干净无灰霉病害侵染。

采收时，2015年霞多丽葡萄含糖量为19.8波美度，高于同期的2013年和2014年数据，总酸低于以往两年（见图3），但随着采收期的进行，糖度上升速度很快，酸度下降速度比前两年平缓些。为了保持葡萄原料合理的糖酸比，在生产上加快了采摘进度。

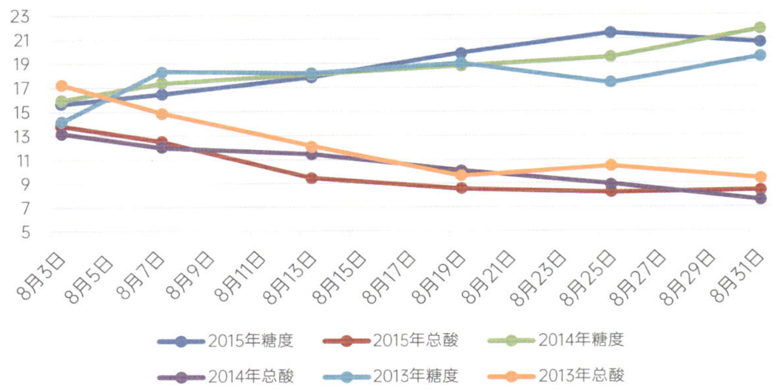

图3 2013—2015年霞多丽葡萄成熟度变化统计

6. 葡萄酒理化指标与感官品尝

2015年霞多丽葡萄酒平均酒精度比2013年、2014年偏高，总酸和pH值偏低，具有更好的均衡性。经过感官品尝比较，2015年的葡萄酒果香和复杂度比以往两年的葡萄酒优势更加明显。

表3 2013—2015年霞多丽葡萄酒常规理化指标统计

年份	酒精度（%vol）	pH值	总酸（以酒石酸计，g/L）
2015年	11.8	3.32	8.4
2014年	11.3	3.38	7.8
2013年	11.6	3.41	8.1

7. 结论

综合以上分析结果可以判断，2015年对于霞多丽葡萄来说是个很好的年份。

2016年 ★★★★☆

1. 葡萄生长期概况

葡萄园于3月28日开始出土，与往年基本上保持一致，春季晚霜发生在4月3日，相较往年来说是比较早的，避免了葡萄萌芽期发生霜冻的风险。葡萄生长前期温度比较温和，5月平均温度相比去年稍微偏低，这也导致了葡萄开花期推迟了2—4天。进入6月25日后，气温陡然升高，特别是在葡萄成熟前的7月底到8月上旬，连续多日的高温天气加速了葡萄的糖分累积和酸度下降。8月8日葡萄园开始正式采摘霞多丽，黑比诺也在8月12日开始根据各园区成熟情况分类采摘。进入9月份，天气温和少雨，葡萄园通过秋施基肥和喷施叶面肥的方式，让葡萄采收后得以补充养分，促进枝条木质化成熟。2016年秋季早霜发生于10月8日，紧接着葡萄园开始了冬季修剪与埋土工作，整个田间生产工作于11月16日结束。

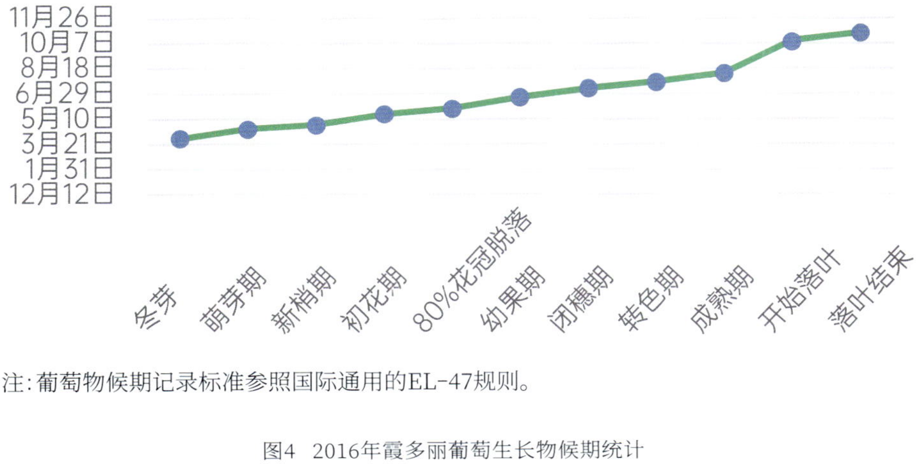

注：葡萄物候期记录标准参照国际通用的EL-47规则。

图4 2016年霞多丽葡萄生长物候期统计

2. 葡萄生长期内活动温度与降水量情况解析

(1)活动温度

2016年生长期内(4—10月)累积活动积温为2 037.6℃,以2012—2016年的统计结果1 979.4—2 112.9 ℃分析来看,2016年属于正常的年份,比2015年稍高,但低于2013年。采用温克勒指数分类(Winkler Index categories)标准来分析,葡萄的这种生长条件与法国蒙彼利埃、意大利米兰和南非勒盖产区气候特质相似,都属于暖热性气候区域。

采用月平均温度指标分析,2016年的生长期月均温度为19.3℃,与往年相比处于中等水平,比2013年偏低。通过对不同品种葡萄成熟度对热量需求分析,霞多丽和黑比诺在当前区域能够很容易地满足条件,葡萄可以实现及早成熟,这与我们在实际生产管理过程中测定葡萄成熟度状况和安排采收期的情况相一致。

(2)降水量

2016年葡萄生长期内总降水量为160.4毫米,与2015年持平,比2013年、2014年稍偏多。回顾2016年整个生长期,前期降水量偏少,葡萄园需要通过增加灌溉量的方式促进植株的萌芽和新梢生长。进入5月底到6月上旬葡萄开始开花坐果,但5月22日、6月2日出现了2次降雨,对葡萄开花授粉和坐果产生了不同程度的负面影响。进入6—7月,降水量不大且分布均匀,极大地降低了霜霉病等病害的发生概率。

进入葡萄成熟期的8月,8月1日、8月14日、8月18—22日出现了多次降雨。8月18日之前采收完的霞多丽和黑比诺没有受到降雨带来的影响,但是对于8月24日后采收的黑比诺有轻微影响,葡萄出现了少许的灰霉病,在产量上受到了一定的影响。

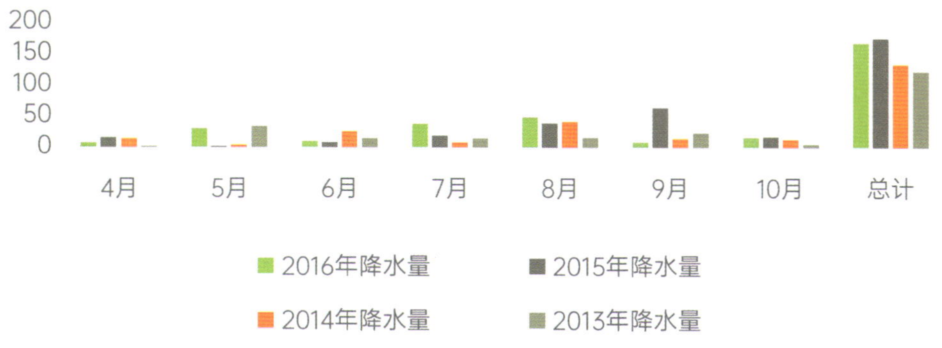

图5 2013—2016年葡萄生长期内降雨量(mm)统计

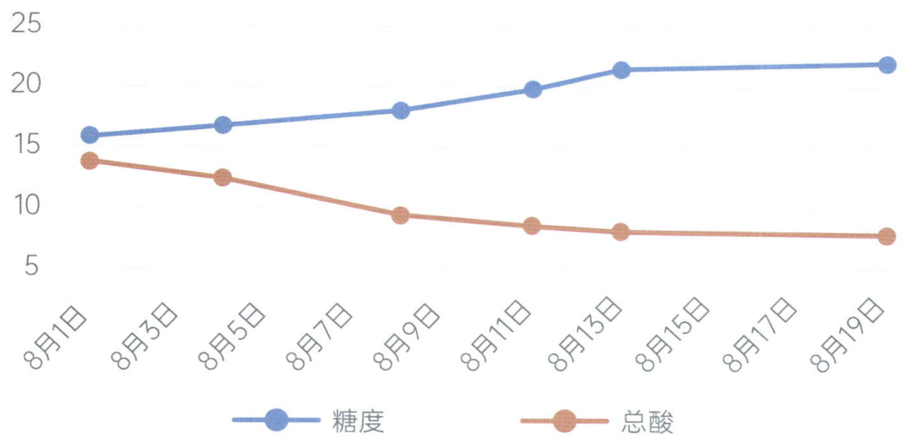

图6　2016年霞多丽成熟度变化曲线

总体来说，2016年是一个成熟期早、低产量、高品质、有意义的一年。

小贴士

酒塞开断了怎么办？

如果有一半瓶塞还在酒瓶里面，我们可以小心将开瓶器钻进剩余酒塞中，尝试轻轻地将酒塞拔出。如果还是无法取出剩余酒塞，可以在倒出木塞碎片后，将剩余木塞推到酒瓶内，滤除碎屑（干净棉纱或滤网），就可以开喝了。

2017年　★★★★☆

1. 无霜期

无霜期是指当地的平均终霜日到平均初霜日之间的天数。无霜期的长短通常作为一项农业气候热量资源的重要指标用来评判某一年份内作物热量状况。

表4 2013—2017年无霜期统计表

年份	晚霜期	早霜期	无霜期（天）
2013年	4月10日	10月15日	188
2014年	3月22日	11月2日	226
2015年	3月24日	10月4日	195
2016年	4月3日	10月8日	188
2017年	4月21日	10月9日	171

注：本文所用的气象资料数据均来自HARVEST气象站系统。

2017年无霜期的统计天数为171天，较以往5年相比偏少。特别是4月21日出现的终霜天气，对农业作物或多或少造成一定程度的影响。对于酿酒葡萄来说该时期正处于萌芽期，葡萄园采取了24小时不停轮灌的方式以提高地温，将霜冻带来的负面影响降到最低。

2. 葡萄生长期内热量状况

葡萄生长期内（4—10月）月平均气温数据直观地反映了当年葡萄生长所需的热量丰沛状况（见图7）。2017年度的夏桐葡萄园春季农耕出土始于3月27日，与往年相比基本保持一致。出土后的4月初气温平稳上升，霞多丽与黑比诺葡萄在出土后7—10天相继开始萌芽。4月21日出现短时的降温天气，葡萄园出现轻微的霜冻，所幸在精心管理下并无大碍。

进入5月份后气温陡然升高，月平均气温达到了近几年的最高值，促进了新梢的快速生长，同时霞多丽葡萄开花期较往年提前了3—5天。开花期天气晴朗，非常有利于葡萄授粉坐果，为本年度葡萄原料的丰产奠定了基础。7月份气温陡然升高，连续多日的高温天气刷新了历史新高，加速了葡萄幼果的膨大生长。7月底到8月上旬，气温趋于平稳缓和，昼夜温差大，非常有利于葡萄的成熟、风味物质与单宁的累积和果酸的保持。葡萄采收于8月14日开始，根据霞多丽和黑比诺在各园区成熟的差异合理有序地安排采摘。

葡萄采摘后的9月份气温温和，此时也是葡萄果树根系生长的第二次高峰期，是植株贮藏养分累积的重要时期。通过对全园追施速效性肥料和叶面喷肥的方式，让葡萄树势得以恢复并增加了养分贮藏，提高了植株树体越冬防寒能力。

随着10月9日冷空气的到来，葡萄园迎来了2017年的第一次早霜，葡萄园开始了忙碌的冬季修剪工作。11月7日迎来立冬节气，葡萄园冬季埋土工作开始，整个园区生产工作于11月15日全部结束。

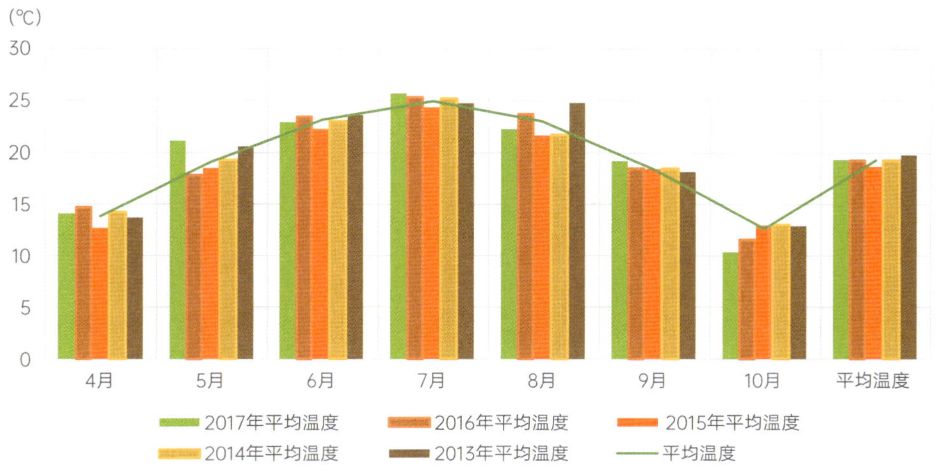

图7　2013—2017年葡萄生长期内月平均温度统计

3. 葡萄生长期内降水量状况

2017年葡萄生长期内总降水量为182.1毫米，是近6年内降水量最多的一年（见图8）。把降水量按照各月份分布剖析来看，葡萄生长前期的4—5月降水量稀少，葡萄园加大灌溉量来补充水分，维持植株正常生长所需。6月4—5日出现了连续两日的降雨天气，降水量达到了61.4毫米，导致某些低洼处园区如B1、B8、NKL-3田头出现了短时的积水状况。所幸天气很快放晴，葡萄园水分蒸发量很大，同时及时地对全园进行了一次针对霜霉病的防控喷药管理措施，有效地防止了病害的发生。

整个6月底至7月中下旬，葡萄园以晴朗天气为主，非常有利于坐果后的幼果膨大生长。7月26日的降雨天减缓了葡萄成熟的节奏，葡萄采摘期也较去年推迟了一周左右。8月14日，夏桐葡萄园开始了黑比诺葡萄的采摘，根据葡萄成熟度取样检测的成熟度情况，制定了霞多丽和黑比诺同时交叉采摘顺序和数量。采摘前期天气晴朗，果实干净卫生。8月26日的降雨打乱了葡萄采摘节奏，迟采的A5、B5园区霞多丽和B9、C6园区黑比诺受到了少许灰霉病侵染的影响。特别是对酿造的黑比诺葡萄来说，需要推迟采摘。为了保证其质量符合酿酒师的需求，先是对霉烂的果穗进行了一次摘除处理，然后喷施偏重亚硫酸钾杀菌剂保证了病害不再蔓延扩张。10

月9日的秋雨提高了葡萄园的整体土壤湿度，葡萄园在降雨后对全园进行了一次行间中耕处理，让土壤更加通透松散，为下一步埋土工作带来诸多益处。

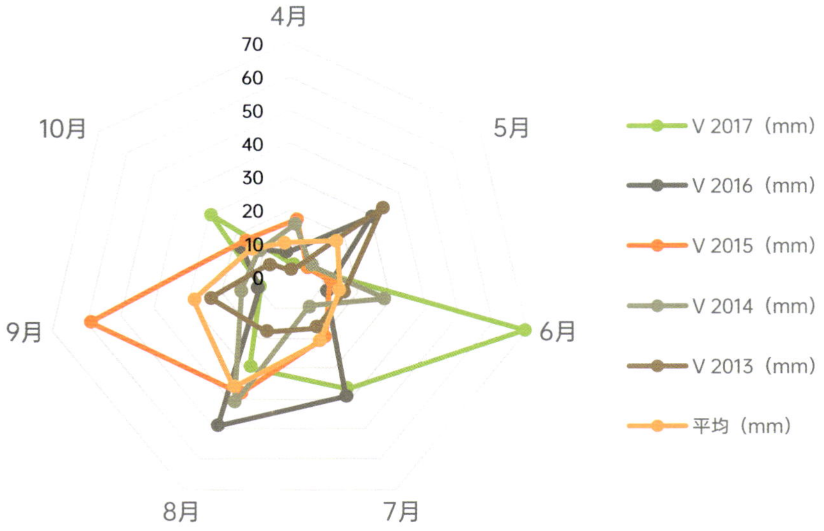

图8　2013—2017年葡萄生长期内降水量统计

4. 葡萄生长物候期

纵观2017年度降水情况，尽管有效降水量比往年偏多，但是降水多发生在葡萄生长期的6—7月，葡萄成熟期8—9月降水量稀少，并且无连续多日的连阴雨出现，每次降雨后葡萄园都积极地做出应对措施，无严重的葡萄园病虫害的发生，葡萄原料从整体来说干净卫生。

2018年　★★★★☆

1. 葡萄生长期内热量状况

2018年得春天来得很早，进入3月份后气温连续攀升，甚至出现反常的30℃，月平均温度比往年均值高4.5℃。当年的葡萄园春季农耕出土始于3月20日，霞多丽在4月3日开始发芽，提前了12天。4月7日葡萄园遭受黑霜冻影响，最低气温骤降至-5.8℃，对刚萌发的幼嫩组织造成极为严重的损伤，芽孢冻死，进而造成当年的产量损失严重。

进入4月上旬至6月，月平均温度高于正常水平，葡萄整体物候期提前7—10天。花期在5月上旬开始，6月的高温天气加速了幼果的生长，同时也给灌溉调度提出了很大的挑战。8月下旬气温趋于温和，后期生长季节较多年凉爽，有利于果实缓慢成熟和风味物质累积。

10月9日开始冬季修剪工作，11月7日迎来立冬节气，葡萄园冬季埋土工作开始，整个园区生产工作于11月17日全部结束。

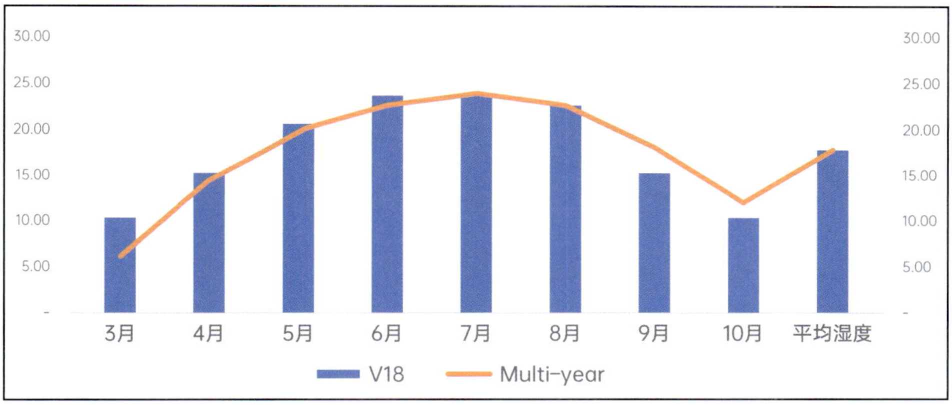

图9　2013—2018年葡萄生长期内月平均温度统计（℃）

2. 葡萄生长期内降水量状况

2018年葡萄生长期早季几乎没有降水，但从7月到9月，当年近80%的降水量在这段时间下降，给葡萄病虫害防治带来了很大压力。6月21日的风暴和冰雹袭击了幼小的水果，造成了一些物理损害。8月10日暴雨导致近C区近三分之一的葡萄园被淹没。进入收获期后，即使没有连续的雨天，几乎每周都有10毫米的降水，相对湿度保持在78%以上，是霜病和霉菌传播的高风险。

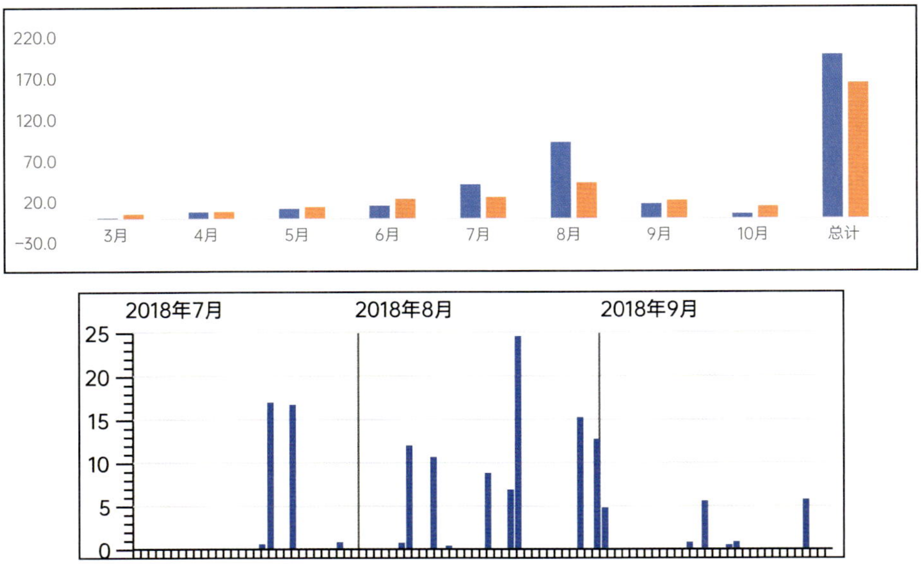

图10　2013—2018年葡萄生长期内降水量统计（mm）

2019年　★★★★★

1. 葡萄生长期内热量状况

4月份平均气温高于往年同期近1.9 ℃，4月11日轻霜冻后气温一路攀升，4月17日出现罕见的33.7 ℃。5月11日前后出现大风降温天气，对新梢生长不利，造成部分新梢折断。幸运的是5月23日进入葡萄开花期后温度比较平稳，以晴天为主非常有利于植株的开花授粉。6月份中旬果实进入膨大期，加强对结果带3—4叶副梢处理和对基部萌蘖进行处理。7月15日前后葡萄开始转色。总体来看生长期5—7月的平均气温也低于往年同期数值，物候期迟于往年3—5天。

采摘定在8月13日开始，霞多丽与黑比诺同时开始采摘。调整了采摘进度，采摘期为9天，保证了原料质量均匀度。8—9月葡萄成熟期气温平稳，以晴天为主，成熟期温度偏低，葡萄成熟缓慢进行，保持了良好的酸度和香气物质的累积。

10月至11月上旬的温度比较平和，较往年偏高，早霜期为10月24日，没有大幅度降温，给葡萄枝条成熟和修剪提供足够的时间。

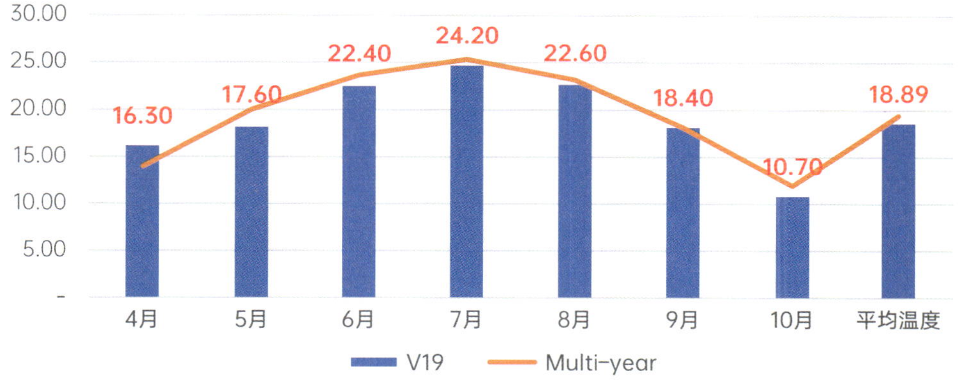

图11 2013—2019年葡萄生长期内月平均温度统计(℃)

2. 葡萄生长期内降水量状况

2019年葡萄生长期内降水量不多，4月份的有效降水在4月26日，降水量为3.8毫米，有利于萌芽后新梢的生长。在5月17日，霞多丽园区首先出现花序展开，开花期间天气晴朗无降水，气温逐渐回升有利于开花授粉。6月18—27日出现连续10天的阴雨天，降水量达到48毫米，空气湿度达90%以上，造成了果穗出现病害，同时影响了葡萄园叶幕管理的节奏滞后。幸运的是生长后期再无大的降水，特别是葡萄成熟期的7—9月降水量远低于往年，保障了葡萄免受霉病病害，果实干净卫生。

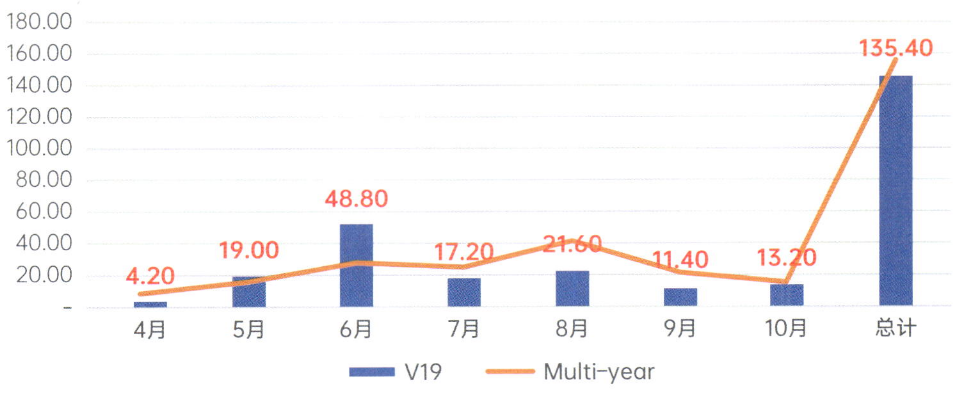

图12 2013—2019年葡萄生长期内降水量统计(mm)

总体来说，2019年是一个无重大自然灾害发生，降水量稀少，光照充足，热量中等，葡萄品质非常高的好年份。

2020年 ★★★★

1. 葡萄生长期内热量状况

开春4月以来温度高开低走，造成了严重的倒春寒，生长期4月份有3次降温天气，尤其以4月21—24日霜冻天气影响大，造成大幅减产。葡萄再次萌发后抹芽于5月7日开始，加大水肥管理和中耕除草管理，促进新梢快速生长。开花发生在5月27日前后，较正常年份推迟5—8天。花期温度比较平稳，坐果比较好。

6—7月气温逐渐回升，与往年同期持平，果实膨大生长，新梢生长缓慢。受到7月底8月初热浪天气和低产量双重因素，葡萄采后期较往年提前3—5天，于8月7日开始采摘霞多丽和黑比诺。9月份气温偏低，葡萄成熟速度缓慢，有利于香气和酚类物质成熟。10月至11月上旬的温度比较平和，给葡萄枝条成熟和修剪提供了足够的时间。

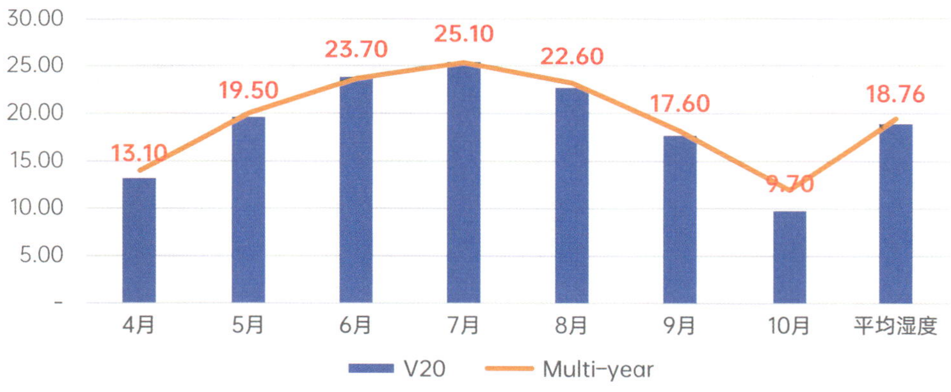

图13 2013—2020年葡萄生长期内月平均温度统计（℃）

2. 葡萄生长期内降水量状况

2020年降水量低于多年平均数值，为146.6毫米。前期降水稀少，通过灌溉保证树体正常生长。7月下旬和8月降水偏多，近50%的降水发生在8月中下旬，特别是对黑比诺的采收产生不利影响，9月份停止灌溉。9—10月几乎没有降水，土壤比较干燥，加上采后中耕，埋土时土壤比较松散，埋土面比较宽、紧致，对晚熟品种的西拉非常有利。

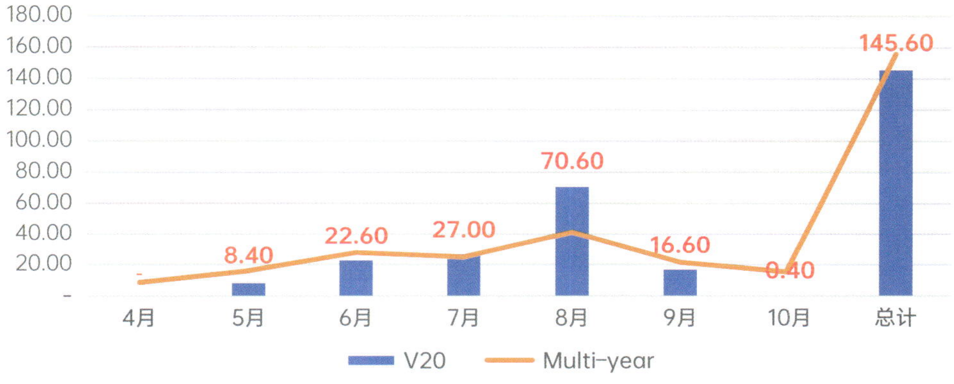

图14　2013—2019年葡萄生长期内降水量统计（mm）

总体来说，2020年是一个多灾多难的年份，葡萄品质对早熟品种来说不利，对赤霞珠、马瑟兰等晚熟品种成熟期延长，有利于酚类与香气物质累积。

银川美食地图

旅行线路

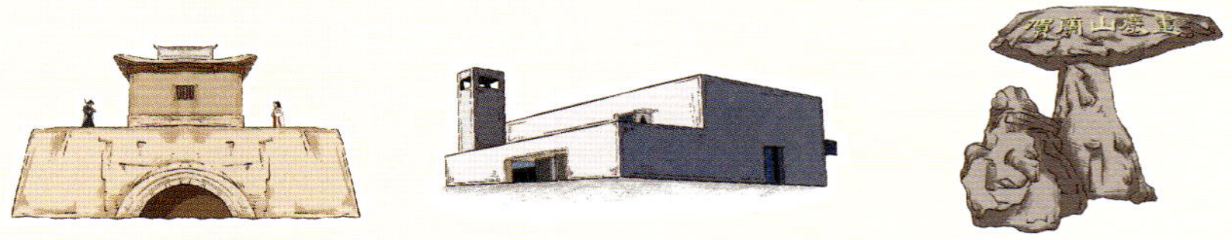

北线：

镇北堡西部影城 — 金山产区酒庄 — 贺兰山岩画

午饭推荐：
同心园（酿酒师心中的米其林）

西夏区线：

宁夏博物馆 — 西夏区酒庄 — 怀远观光夜市

午饭推荐：
山上人家（体验银川特色野味）

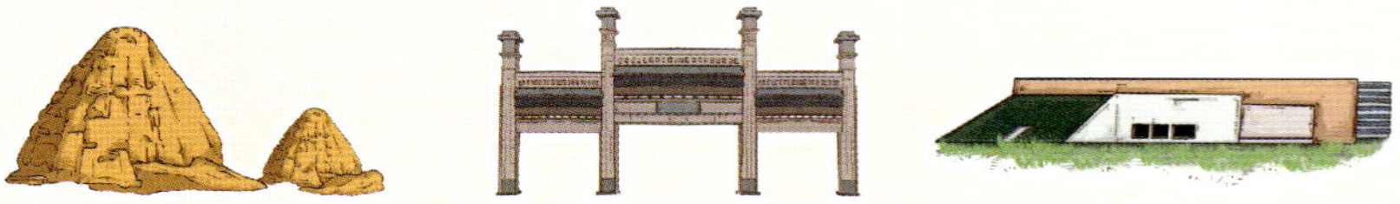

南线：

西夏王陵 — 闽宁镇 — 黄羊滩产区酒庄

午饭推荐：
一分利（闽宁镇餐饮界的扛把子，推荐炒烩肉）

中阿兰牛肉面
经典宁夏特色菜馆
宁味楼
贺兰山路
正源街
康平路
昊御轩烤全羊
熙珍烤肉
昌路
天天烧烤
Ying Bin Lou Restaurant
迎賓楼
宁夏老字号
特色美食餐厅
百草滩羊
清水涮羊肉
阿叶羊杂
老毛手抓
民族街
解放路
长城路
经典宁夏特色菜馆
纳家楼
红柳枝烧烤

天作之贺 和而不同

贺兰山东麓葡萄酒